Android Studio ではじめる

簡単 Android アプリ開発 改訂版

Android Studio is the official IDE
for Android application development,
based on IntelliJ IDEA.

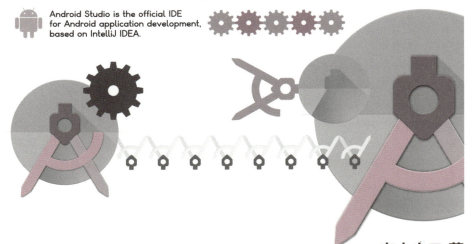

有山圭二 著

技術評論社

Android Studio のインストールについて

　本書が題材にしている「Android Studio」は、非常に短い期間でバージョンアップを続けています。そのため、本書「第2章：Android Studio をセットアップしよう（Windows 編）」および「第3章：Android Studio をセットアップしよう（OS X 編）」の記述どおりに進めても、画面の表示内容が異なったり、関連ファイルが探しづらいときがあり、完了できない場合などがあります。

　つきましては、次のサイトに最新バージョンでのインストール方法をまとめたドキュメントがありますので、ご参照ください。

▶ ［改訂版］Android Studio ではじめる 簡単 Android アプリ開発：サポートページ
　http://gihyo.jp/book/2016/978-4-7741-7859-2

　また、本書に記載した情報の修正や、サンプルコードをダウンロードできます。

　本書に記載された内容は、情報の提供のみを目的としています。したがって、本書を用いた開発、製作、運用は、必ずお客様自身の責任と判断によって行ってください。これらの情報による開発、製作、運用の結果について、技術評論社および著者はいかなる責任も負いません。

　本書記載の情報は、2015 年 11 月 30 日現在のものを掲載していますので、ご利用時には、変更されている場合もあります。また、ソフトウェアに関する記述は、特に断わりのないかぎり、2015 年 11 月 30 日現在での最新バージョンをもとにしています。ソフトウェアはバージョンアップされる場合があり、本書での説明とは機能内容などが異なってしまうこともあり得ます。本書ご購入の前に、必ずバージョン番号をご確認ください。

　以上の注意事項をご承諾いただいたうえで、本書をご利用願います。これらの注意事項をお読みいただかずに、お問い合わせいただいても、技術評論社および著者は対処しかねます。あらかじめ、ご承知おきください。

　本文中に記載されている会社名、製品名などは、各社の登録商標または商標、商品名です。会社名、製品名については、本文中では、™、Ⓒ、Ⓡマークなどは表示しておりません。

はじめに

　本書は、Androidアプリケーションの開発を始めたい人が、最初に手に取ることを想定して書いています。

　Androidは、プログラムを書けばそのままブラウザで実行できるような言語や環境と比較すると、ハードルが高いことは否定できません。そこで本書では、まず、Androidアプリケーションを開発する環境を整えるまでに大きくページを割いています。

　本書を読むにあたっては、必ずしもJava言語の基本的な文法を理解している必要はありません。各ステップごとに提示されたプログラムを追加したり、変更したり、削除したりして、アプリケーションを開発していきます。
　もちろん、Java言語の基本的な文法やオブジェクト指向などを知っていれば、理解が深まることは言うまでもありません。

　本書では、謎かけは一切ありません。各ステップごとに完成版のプログラムを提供しているので、詰まったりうまくいかなかったら各ステップの完成版を見て、何が違うのかを考えたり、先に進むことができます。

　繰り返しになりますが、本書は、Androidアプリケーションを開発してみたい人が、最初に手に取ることを想定して書いています。したがって、Androidのフレームワークの解説は、必要最小限に留めています。また、ゲームを開発している章ではわかりやすさを優先し、例えば演算の効率であるとか、物理演算としての正しさを追求していない部分もあります。

　Androidのフレームワークを体系的に学びたい方や、より実務的、実践的なプログラミング技法を勉強したい方には、もっと適した本をお買い求めになることをお勧めします。

　本書が、一人でも多くの、Androidアプリケーション開発を始める人の助けになることを願っています。

2015年11月
有山圭二

本書について

本書の構成

本書は、9つの章で構成されます。

- Chapter 1：Androidアプリ開発のはじめの一歩
- Chapter 2：Android Studioをセットアップしよう（Windows編）
- Chapter 3：Android Studio をセットアップしよう（OS X編）
- Chapter 4：アプリを実行しよう
- Chapter 5："Hello Android！"でアプリ開発の流れを理解しよう
- Chapter 6：Web APIで情報を取得する天気予報アプリを作ろう
- Chapter 7：障害物や穴を飛び越えるアクションゲームを作ろう
- Chapter 8：スコアによって難易度が変わるシューティングゲームを作ろう
- Chapter 9：端末の傾きで球を移動する迷路ゲームを作ろう

基本的に各章は独立していて、あなたの進行に合わせて、どこからでも読み始めることができます。

Androidについてまったく知らないという方は、まずはChapter 1から読むとよいでしょう。Androidについて少し知っているけど、アプリを開発したことがないという方はChapter 2、またはChapter 3から。アプリの開発環境は整っているので、いきなりアプリ開発をしたいという人は、Chapter 5以降から始めても問題ありません。

Chapterを進めるにあたって必須ではない内容は「コラム」としてまとめてあります。各コラムは、本書を通じて一度しか掲載しませんが、各章で関連するコラムがある部分には参照を記載しています。

本書で利用している各ソフトウェアのバージョン

本書で対応しているバージョンは、次のとおりになります。

- Windows 10
  Java SE 8u65
- OS X（El Capitan）
  Java SE 8u65
- Android Studio 1.5

Android Studioは非常に短い期間でバージョンアップを続けているので、本書をお読みになるタイミングによってはバージョンが異なる場合が考えられます。

　あなたが本書とまったく同じ環境で開発をしたい場合、次のサイトからAndroid Studioの各バージョンを入手できます。

・Android Tools Project
　http://tools.android.com/download/studio

　Android Studioには、4つの配布チャンネルが用意されています。

・Canary
・Dev
・Beta
・Stable

　Canaryがもっとも最新の、しかし安定していないバージョンです。もっとも安定したバージョンはStableチャンネルから提供されています。後述する配布サイトからダウンロードした場合、このStableチャンネルのAndroid Studioを使うことになります。なお、後述する配布サイトは、環境によって、英語版ではなく日本語版が表示されることがあります。その際、ダウンロードされるAndroid Studioのバージョンが異なることもありますので、ご注意ください。

本書での表記

本書での表記は次のとおりです。

・**ゴシック**（例：**リスト1-1**）
強調すべき用語などを示しています。

プログラムの読み方

実際にアプリケーションを開発するChapter 5以降は、1つのChapterを通じて1つのアプリケーションを開発していきます。

本書では、プログラムや関連ファイルはリストとして掲載しています。各リストにはすべて番号が割り当てられていて、本文中からリストの内容に言及する場合、**リスト6-6**のように参照します。

すでに作成したファイルに変更を加える場合、これまでの行を削除して、新しい行を追加することで示します。リスト6-6 に示したとおり、白い網掛けが削除する行、赤い網掛けが追加する行を意味します。

また、行末の丸数字（①）は、プログラムリスト下の説明番号を意味します。

○リスト6-6：MainActivity.java

```
public class MainActivity extends AppCompatActivity {

    private TextView result;

    @Override
    protected void onCreate(Bundle savedInstanceState) {
        super.onCreate(savedInstanceState);
        setContentView(R.layout.activity_main);

        result = (TextView) findViewById(R.id.tv_result);

-       try {
-           String data = WeatherApi.getWeather("400040");
-           result.setText(data);
-       } catch (IOException e) {
-           Toast.makeText(getApplicationContext(),
-           "IOException is occurred.", Toast.LENGTH_SHORT).show();
-       }
+       Thread subThread = new Thread() {                       ①
+           @Override
+           public void run() {
+               try {
+                   String data = WeatherApi.getWeather("400040");
+                   result.setText(data);
```

削除する行

追加する行

```
+                    } catch (IOException e) {
+                        Toast.makeText(getApplicationContext(), "IOException is occurred.",
+                                Toast.LENGTH_SHORT).show();
+                    }
+                }
+            };
+            subThread.start();         ②
        }
    }
```

①スレッドを作成している。各スレッドの処理は独立していて並列で実行できる
②startメソッドでスレッドを開始している

本書サポートページとサンプルコードの入手法

本書のサポートページは次のサイトです。

http://gihyo.jp/book/2016/978-4-7741-7859-2

本書に記載した情報の修正や、サンプルコードをダウンロードすることができます。

[改訂版] Android Studioではじめる 簡単Androidアプリ開発

はじめに iii
本書について iv

Chapter 1　Androidアプリ開発のはじめの一歩 001

- 1-1　Androidとは？ 002
- 1-2　Androidアプリケーションとは？ 002
- 1-3　Androidアプリの開発 003
- 1-4　Androidアプリの配布 003
- 1-5　Androidアプリの開発に必要なもの 004
- 1-6　開発環境の「Android Studio」を理解する 004
    - Android Studio：IntelliJ IDEA 004

Chapter 2　Android Studioをセットアップしよう（Windows編） ... 007

- 2-1　Java開発キットをインストールする 008
    - ダウンロード 008
    - インストール 010
    - 環境変数の追加 011
- 2-2　Android Studioをインストールする 014
    - ダウンロード 014
    - インストール 015
- 2-3　Android Studioを起動する 018
- 2-4　開発に必要なコンポーネントをダウンロードする 020
    - SDK Managerを起動 020

Chapter 3　Android Studioをセットアップしよう（OS X編） ... 023

- 3-1　Java開発キットをインストールする 024
    - ダウンロード 024
    - インストール 025
- 3-2　Android Studioをインストールする 027
    - ダウンロード 027
    - インストール 028

3-3	Android Studioをセットアップする	029
3-4	開発に必要なコンポーネントをダウンロードする	033
	SDK Managerを起動	033

Chapter 4 アプリを実行しよう … 037

4-1	プロジェクトを作成する	038
4-2	エミュレーターを準備する	041
	AVDの作成	041
	エミュレーターの起動	044
4-3	プロジェクトを実行する	045
4-4	実機をつなぐ設定をする	046
	「開発者向けオプション」の表示	046
	PCと接続	048

Chapter 5 "Hello Android！"でアプリ開発の流れを理解しよう … 051

5-1	プロジェクトを作成する	052
	アプリケーション名とapplicationIdを設定する	052
	対応バージョンと対象のデバイスを設定する	053
	生成するテンプレートを選択する	054
	生成されたプロジェクト	055
	プロジェクトの実行	055
5-2	表示内容を変更する	057
	Android Studioにactivity_main.xmlが表示されていない場合	059
	画面にボタンを追加する	059
	ボタンを押したときのイベントを処理する	060
	COLUMN import宣言の追加	062
5-3	画像を表示する／変更する	063
	サンプルファイルをダウンロードする	063
	画像ファイルを配置するディレクトリを作成する	063
	画像ファイルをプロジェクトにコピーする	064
	画像の表示	064
	プログラムから表示する画像を変更する	065
	シークバーを追加する	066

Chapter 6 Web APIで情報を取得する天気予報アプリを作ろう ……… 071

6-1 プロジェクトを作成する ……………………………………… 072
アプリケーション名とapplicationIdを設定する …………… 072
対応バージョンと対象のデバイスを設定する ……………… 073
生成するテンプレートを選択する …………………………… 074

6-2 天気情報APIにアクセスする ………………………………… 075
Web API …………………………………………………………… 075
パーミッションを追加する ……………………………………… 075
WeatherApiクラスを作成する ………………………………… 076
天気情報を取得する ……………………………………………… 077
取得した天気情報を表示する …………………………………… 077

6-3 スレッドからネットワークにアクセスする ………………… 079
別スレッドで処理する …………………………………………… 080

6-4 スレッドからUIを変更する …………………………………… 082
Handlerを使って別スレッドからUIを変更する …………… 083
COLUMN メインスレッドとHandler ………………………… 084
COLUMN エラーが起きたときは ……………………………… 086

6-5 AsyncTaskを使った非同期処理を実装する ………………… 089
Handler …………………………………………………………… 089
AsyncTaskを作成する ………………………………………… 090

6-6 JSONをオブジェクトに変換する ……………………………… 092
WeatherForecastクラスを作成する ………………………… 092
取得したデータをWeatherForecastで処理する …………… 095
WeatherForecastオブジェクトのデータを表示する ……… 095

6-7 天気情報を表示する …………………………………………… 097
予報画像の取得と表示 …………………………………………… 097
表示用レイアウトを変更する …………………………………… 099
予報の表示用レイアウトを追加する …………………………… 100
予報の表示レイアウトを入力する ……………………………… 100
予報をレイアウトに表示する …………………………………… 102

6-8 レイアウトの見栄えを調整する ……………………………… 104
6-9 「読み込み中」を表示する …………………………………… 106
6-10 複数の天気情報を表示する ………………………………… 108
レイアウトのファイル名を変更する …………………………… 108
activity_main.xmlを作成する ………………………………… 109

	ForecastFragmentクラスを作成する	110
	Fragmentを表示する	112
	COLUMN Androidアプリの構成	115
	COLUMN コードアシストを使いこなす	116
	COLUMN ViewとLayout	122

Chapter 7 障害物や穴を飛び越えるアクションゲームを作ろう … 127

7-1 プロジェクトを作成する … 128
アプリケーション名とapplicationIdを設定する … 128
対応バージョンと対象のデバイスを設定する … 129
生成するテンプレートを選択する … 129

7-2 画像（自機）を表示する … 131
サンプルファイルをダウンロードする … 131
画像ファイルを配置するディレクトリを作成する … 131
画像ファイルをプロジェクトにコピーする … 131
GameViewクラスを作成する … 132
GameViewにプログラムを入力する … 133
GameViewを表示する … 133

7-3 地面を表示する … 134
Groundクラスを作成する … 134
GameViewで地面を表示する … 135

7-4 自機の表示をクラスに分割する … 136
Droidクラスを作成する … 136
GameViewにある処理をDroidクラスに移動する … 137

7-5 自機を落下させる … 138
自機の位置を変える … 138

7-6 自機を地面に着地させる … 139
地面との距離を取得する … 140
地面との距離を計算する … 141

7-7 タッチに反応してジャンプさせる … 142
ジャンプの処理を追加する … 142
COLUMN ジャンプと落下 … 143
タッチしたときの処理を追加する … 143

7-8 ステージを移動する … 145
地面を移動する処理を追加する … 145

7-9 SurfaceViewに置き替える ……148
7-10 地面を続けて表示する ……151
地面の状態を確認するメソッドを追加する ……151
自機と地面の距離を計算する前に、自機がいる地面を確認する ……153
7-11 ゲームオーバーを設定する ……154
自機を停止（シャットダウン）する ……155
ゲームオーバーになったことをコールバックする ……155
ゲームオーバーを判定する ……156
ゲームオーバーを表示する ……157
7-12 当たり判定を調整する ……158
マージンの設定を追加する ……158
7-13 穴を追加する ……161
Groundクラスを変更する ……161
Blankクラスを追加する ……161
BlankクラスをGameViewで使う ……162
穴に落ちる判定を追加する ……163
7-14 ジャンプ中の自機の表示を変更する ……164
画像ファイルをコピーする ……164
画像の表示範囲を決定する ……164
画像の切り替え処理を追加する ……166
7-15 ジャンプパワーゲージを表示する ……167
7-16 処理などを改善する ……168
ゲーム画面を横向きに固定する ……168

Chapter 8 スコアによって難易度が変わるシューティングゲームを作ろう ……171

8-1 プロジェクトを作成する ……172
アプリケーション名とapplicationIdを設定する ……172
対応バージョンと対象のデバイスを設定する ……173
生成するテンプレートを選択する ……173
8-2 画像を表示する ……175
サンプルファイルをダウンロードする ……175
画像ファイルを配置するディレクトリを作成する ……175
画像ファイルをプロジェクトにコピーする ……176
Droidクラスを作成する ……176
Droidクラスをプログラムする ……177
GameViewクラスを作成する ……177

GameViewを表示する ……………………………………………………… 178
8-3　敵のミサイルを表示する …………………………………………… 179
BaseObjectクラスを作成する ……………………………………………… 179
DroidクラスにBaseObjectを継承させる ………………………………… 180
Missileクラスを作成する …………………………………………………… 180
GameViewでMissileを表示する …………………………………………… 182
8-4　SurfaceViewに置き替える …………………………………………… 184
SurfaceViewへの置き替え ………………………………………………… 184
8-5　自機から弾を発射する ……………………………………………… 187
Bulletクラスを作成する …………………………………………………… 187
タップした場所に向けて弾を発射する …………………………………… 188
8-6　当たり判定を追加する ……………………………………………… 190
BaseObjectクラスに状態と当たり判定処理を追加する ………………… 190
Droidクラスに当たり判定処理を追加する ……………………………… 192
Bulletクラスに当たり判定処理を追加する ……………………………… 193
Missileクラスに当たり判定処理を追加する ……………………………… 193
GameViewクラスで弾とミサイル、自機とミサイルの当たり判定を処理する … 194
8-7　スコアを表示する …………………………………………………… 195
8-8　ゲームの終了（ゲームオーバー） …………………………………… 197
ゲームオーバーのコールバック …………………………………………… 197
ゲームオーバーを判定する ………………………………………………… 198
ゲームオーバーを表示する ………………………………………………… 199
8-9　端末をバイブレーションさせる …………………………………… 200
パーミッションを追加する ………………………………………………… 200
バイブレーションの準備を追加する ……………………………………… 200
バイブレーション処理を追加する ………………………………………… 201
8-10　都市を追加する ……………………………………………………… 203
Cityクラスを作成する ……………………………………………………… 203
GameViewでCityを表示する ……………………………………………… 205
8-11　ゲームの難易度を変化させる ……………………………………… 206
8-12　処理などを改善する ………………………………………………… 207
ゲーム画面を縦向きに固定する …………………………………………… 207
COLUMN API Level ……………………………………………………… 208

Chapter 9 端末の傾きで球を移動する迷路ゲームを作ろう … 211

9-1 プロジェクトを作成する … 212
アプリケーション名とapplicationIdを設定する … 212
対応バージョンと対象のデバイスを設定する … 213
生成するテンプレートを選択する … 213

9-2 ボールを表示する … 214
サンプルファイルをダウンロードする … 215
画像ファイルを配置するディレクトリを作成する … 215
画像ファイルをプロジェクトにコピーする … 215
LabyrinthViewクラスを作成する … 216
LabyrinthViewをプログラムする … 217
LabyrinthViewを表示する … 219

9-3 加速度センサーから取得した情報を表示する … 220
COLUMN センサーの値 … 222

9-4 センサーの値を安定させる … 223
COLUMN センサーとローパスフィルタ … 224

9-5 センサーに連動させてボールを動かす … 225

9-6 背景にマップを表示する … 227
Mapクラスを作成する … 227
LabyrinthViewでMapを表示する … 229

9-7 迷路を生成する … 230
LabyrinthGeneratorクラスを作成する … 230
COLUMN 迷路生成アルゴリズム … 232
LabyrinthGeneratorでMapを作成する … 234

9-8 壁の当たり判定を導入する … 235
Ballクラスを作成する … 235
ボールと壁の当たり判定をプログラムする … 236
BallをLabyrinthViewで表示する … 238

9-9 当たり判定処理を効率化する … 240

9-10 ボールの大きさを調整する … 242
Ballにscaleを追加する … 242
Ballにscaleを適用する … 244

9-11 スタートとゴールを設定する … 245
Ballにスタート地点を追加する … 245
スタートとゴール地点を設定する … 245

> Mapからスタート地点を取得できるようにする ········· 248
> ボールの初期位置を決定したスタート地点に変更する ········· 249
> スタートとゴールを表示する ········· 249

9-12　ゴールを判定する ········· 251
> イベントコールバックを追加する ········· 251
> ゴールイベントを表示する ········· 253

9-13　ゴール時に次のステージを表示する ········· 254
> Mapを生成する種（シード）になる値をMapに追加する ········· 254
> Mapにシードを渡す ········· 255
> ゴールすると次のステージを表示する ········· 255

9-14　穴を追加する ········· 257
> マップの生成時に穴を設定する ········· 257
> 穴に落ちるイベントを追加する ········· 259
> 穴を表示する ········· 260
> 穴を落ちるとやり直しにする ········· 261

9-15　処理などを改善する ········· 263
> ゲーム画面を固定する ········· 263
> 画面が自動的にOFFにならないようにする ········· 263
> 他のアプリに切り替えたとき、ゲームを中断する ········· 264
> **COLUMN** Activityのライフサイクル ········· 265

おわりに ········· 268

Chapter 1

Androidアプリ開発の はじめの一歩

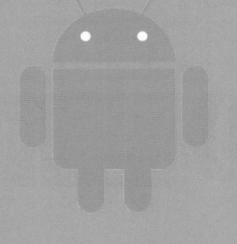

この章では、Androidアプリの開発を始める前に、ソフトウェア プラットフォーム「Android」と、統合開発環境「Android Studio」について解説します。

1-1 Androidとは？

　Androidは、OHA（Open Handset Alliance）が推進し、米Google社が中心となって開発しているソフトウェア プラットフォームです。

　2007年に発表されてわずか数年でiPhone/iPadに搭載されるiOSと並ぶ、世界のスマートフォン プラットフォームの代表格にまで発展しました。

　発表当時は携帯電話向けとされていましたが、今日では携帯電話のみならずタブレットやTV（Android TV）、車載システム（Android Auto）に加えて、腕時計に代表される身体装着型のコンピュータ（ウェアラブル）の上でもAndroidが動いています。

Xperia Z3
Tablet Compact
SGP612JP

SmartWatch 3
SWR50

Galaxy Tab S 10.5

Pioneer AVIC-8100NEX
（Android Auto compatible models）

1-2 Androidアプリケーションとは？

　Androidはソフトウェアのプラットフォーム（基盤）です。ユーザーは、Androidの上でさまざまなソフトウェアを実行できます。

　皆さんもオフィスや学校、自宅で利用しているコンピュータでWebブラウザやワープロ、表計算などのソフトウェアを利用していることと思います。それと同じように、Androidの上でもさまざまなソフトウェアを利用できます。

もちろん、WindowsやMacなどコンピュータ向けのソフトウェアは、Androidでは利用できません。Androidで利用するソフトウェアは、Androidのために作成する必要があります。

Androidで動作するソフトウェアを「Androidアプリケーション（アプリ）」、ソフトウェアを作成することを「開発」と言います。

1-3 Androidアプリの開発

Androidでは、誰でも自由にアプリを開発して、ユーザーに配布することができます。

例えば、Nintendo DSなどの携帯ゲーム機を考えてください。携帯ゲーム機のほとんどは、お店で購入したゲームはできますが、そこで、あなたが好きにゲームを開発することはできません。ゲームを開発できるのは、メーカーから認められた特別な開発者だけです。

AndroidやiOSなどのスマートフォンが登場するより前の携帯電話も、特別な開発者と、そうでない人に分かれていました。しかしAndroidでは誰でも自由にアプリを開発して、ユーザーに配布することができます。今日、さまざまな開発者がAndroidアプリを開発してインターネットで配布しています。

Androidには、基本的に"特別な開発者"が存在しません。Androidアプリを開発している人は、仕事としてアプリを開発しているプロフェッショナルもいれば、普段は別の仕事をしながら、休日などを使って趣味でアプリ開発をしている人もいます。プロフェッショナルとそうでない人で、使える機能に差はありません。趣味でやっている人が、プロフェッショナルより優れたアプリを開発している事例もたくさんあります。

1-4 Androidアプリの配布

開発したAndroidアプリはインターネット上で公開できますが、「Google Play Store」を通じて配布するのが一般的です。Google Play Storeは、米Google社が運営するアプリ配信プラットフォームです。

携帯やタブレットなどのAndroidデバイスには標準でGoogle Play Storeのクライアントアプリがインストールされていて、ユーザーは、Google Play Storeを通じて、自分がほしいアプリケーションを探してインストールできます。

25ドル[注1]を支払って開発者登録をすれば、Google Play Storeでアプリを配信できます。

登録はすべてインターネット上だけで完了します。また、配信するアプリについても

注1）2015年11月時点。Google Play Storeの開発者登録に必要な費用は変更される可能性があります。

Apple社のような厳密な審査はないため、比較的、自由度の高い[注2]プラットフォームと言えるでしょう。

1-5 Androidアプリの開発に必要なもの

　Androidアプリを開発するのに特別な機材は必要ありません。「エミュレーター」と呼ばれるAndroidの動きを再現するソフトウェアが用意されているので、Android端末を持っていなくても大丈夫です[注3]。

　ただしPCは必要です。PCにAndroidアプリ開発に必要なソフトウェア「Android Studio」を追加（インストール）する必要があります。Android Studioは、Windows／OS X／Linuxに対応しています。

1-6 開発環境の「Android Studio」を理解する

　Android Studioは、Androidアプリ開発向けの統合開発環境（IDE）です。Android Studioを使えば、Androidアプリを開発して、エミュレーターやAndroid端末上で動かしてのテストなどがスムーズに行えます。

　2013年に発表されたAndroid Studioは今日、Androidアプリ開発の公式の開発環境となっています。本稿執筆時点（2015年11月）でAndroid Studioの最新バージョンは「1.5」です。

Android Studio : IntelliJ IDEA

　Android Studioには、元となったソフトウェアがあります。それが「IntelliJ IDEA」です。

注2）Google Play Storeでは、ポルノコンテンツや、ユーザーに危害を加えるようなアプリケーションは配信が禁止されているなど、自由と言っても一定の規範はあります。

注3）ただし、センサーやバイブレーションなどの機能を使う場合は、エミュレーターは対応していません。実際のAndroid端末を用意する必要があります。

IntelliJ IDEAは、チェコJetBrains社が開発、販売しているIDEで、柔軟な補完機能を備えた強力なIDEとして定評があります。

Android Studioは、IntelliJ IDEAのオープンソース版（Community Edition）をベースに、Androidアプリ開発を支援するさまざまなツールを追加しています。

Android Studioとは別に、Android StudioのベースとなっているIntelliJ IDEAの開発も続いています。Android Studioは、Googleによる独自の機能拡張[注4]に加えて、IntelliJ IDEAで追加される機能も取り込み、発展を続けています。

注4）Android Studioの開発には、JetBrains社のメンバーも参加しています。

Chapter 2
Android Studioを セットアップしよう (Windows編)

この章では、お使いのWindows PCにAndroid Studioをセットアップして、利用できる状態にします。すでにAndroid Studioのセットアップが終わっている人は、スキップしてもかまいません。

2-1 Java開発キットをインストールする

Androidの開発環境を整える第一歩としてJava開発キットのJDK（Java Development Kit）をインストールします。

Androidアプリは、Java言語でプログラムを記述して開発します。また、Android Studio自身もJava言語で開発されているので、JDKがない状態でAndroid Studioをインストールしても、Android Studioは起動できません。

本書ではWindows 10にJDKをインストールします。

ダウンロード

JDKのインストール用パッケージをダウンロードします。Webブラウザで次のURLにアクセスします。

http://www.oracle.com/technetwork/java/javase/downloads/

JDKを配布しているOracle社のサイトは、構造を変えることがあります。もし、上記のURLでJDKのダウンロードページが表示されない場合は、検索サイトから"Java JDK Download"のキーワードで検索してください。

Javaのダウンロードページが表示されます。本書の執筆時点では、一番上に「Java SE 8u65」という項目が表示されています。

　「8u65」は、Javaのバージョンを表していて、8は「Java 8」を示しています。続く「u65」は、アップデートバージョンです。同じJava 8でも、時期によってバージョンが更新される場合があります。その場合、アップデートバージョンの数字が変わってきます。

　最新版のJDKをダウンロードします。右側にある［JDK］をクリックすると、次のようなJDKのダウンロード画面が表示されます。

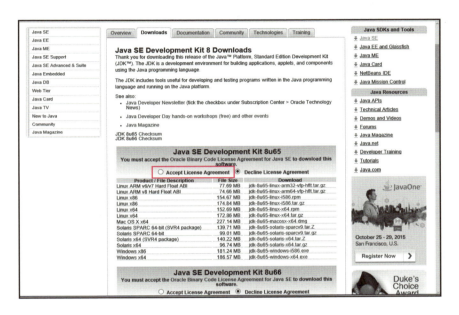

　JDKをダウンロードするには、License Agreement（利用許諾）に同意する必要があります。「Oracle Binary Code License Agreement for Java SE」を読み、同意する場合は［Accept License Agreement］の左側の丸をクリックします。

　利用許諾に同意したら、お使いのプラットフォームにあったJDK（Windows x86、Windows x64）を選択します。右側のリンクをクリックすると、ダウンロードを開始します。

　Windows版については、通常は64bit版（x64）をインストールしますが、お使いのPCによって32bit版（x86）が必要になる場合があります。もし64bit版のJDKがインストールできない場合は、32bit版をインストールしてください。

　ダウンロードの手続きは、使用しているWebブラウザによって異なります。例えば、Windows 10に搭載されている「Edge」の場合は、次のようにダウンロードの前に「実行」するか「（ダウンロードしたファイルのあるフォルダを）表示」するか尋ねる画面が表示します。

なお、お使いのPCにウィルス対策ソフトやセキュリティソフトをインストールしている場合、ダウンロードやダウンロードしたファイルが実行できない場合があります。その場合、お使いのソフトウェアの設定を確認してください。

インストール

ダウンロードしたファイルを「開く」などして実行します。「ユーザーアカウント制御」が警告を出す場合がありますが、［はい］をクリックしてインストールを続行します。

JDKのインストーラが起動します。［次へ］をクリックします。

インストールする機能を選択します。ここで表示される「インストール先」の情報は、あとで使うので必ずメモしておきましょう。その他の設定は変える必要はありません。［次＞］をクリックすると、インストールを開始します。

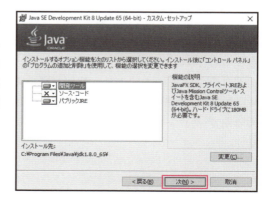

［次＞］をクリックすると、続けて必要なソフトウェアをインストールします。

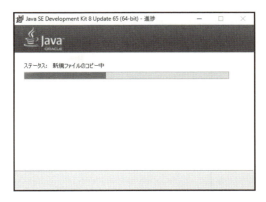

次の画面が表示されれば、インストールは完了です。［閉じる］をクリックしてインストーラを終了します。

環境変数の追加

環境変数を設定します。これは、どこにJDKをインストールしたのか、Android Studioに伝えるために必要な作業です。

Windows 10では、まずスタートメニューのアイコンを右クリックして表示されるメニューから［システム］を表示します。

2-1 Java 開発キットをインストールする　011

左のメニューから［システムの詳細設定］をクリックします。筆者のPCでシステムを開いた画面[注1]は次のようになります。

［環境変数］をクリックします。

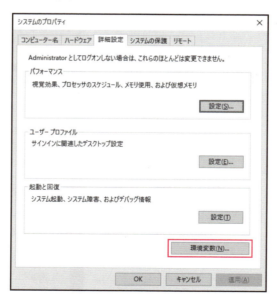

注1）お使いの機種やバージョンによって細部は異なる場合があります。また、一部の必要のない情報は隠してありますが、異常　ではありません。

上段にある［ユーザー環境変数］で［新規］をクリックします。

［変数名］を"JAVA_HOME"、［変数値］をJDKのインストール時に控えていたインストール先を入力して［OK］をクリックします。その後、すべてのウィンドウを［OK］で閉じていきます。

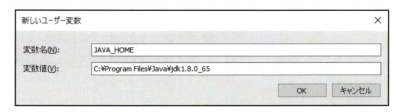

以上で、環境変数の設定は完了です。

2-2 Android Studioをインストールする

Javaのインストールが完了したら、続けてAndroid Studioをインストールします。

ダウンロード

インストール用パッケージをダウンロードします。Webブラウザで次のURLにアクセスします。

https://developer.android.com/sdk/

Android Studioのダウンロードページが表示されます。

中央付近にある［DOWNLOAD］をクリックします。公開されているバージョンは時期によって異なり、本稿執筆時点（2015年11月）で最新の安定版は1.5.0です。

続いてAndroid Studioの利用規約が表示されます。

> ここでは日本語版のダウンロードページを掲載しています。環境によっては、英語版が表示されますが、ページ内の言語設定で切り替えられます。なお、日本語版と英語版の各ページにある［DOWNLOAD］ボタンからダウンロードできるインストール用パッケージのバージョンが異なる場合もありますので、ご注意ください。

　Android Studioのインストーラをダウンロードするには、利用規約に同意する必要があります。表示時点では［DOWNLOAD］のボタンは無効化されています。利用規約を読んで、ボタンの上にあるチェックボックス（「上記の利用規約を読み、同意します。」）をONにすると、クリックできるようになります。

　お使いのPCにウィルス対策ソフトやセキュリティソフトをインストールしている場合は、ダウンロードや、ダウンロードしたファイルが実行できない場合があります。その場合、お使いのソフトウェアの設定を確認してください。

インストール

　Android Studioのインストールを開始します。ダウンロードしたファイルを「開く」などして実行します。この際「ユーザーアカウント制御」が警告を出す場合がありますが、インストールを続行するには［はい］をクリックします。

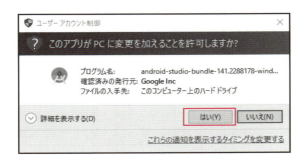

しばらくするとAndroid Studioのインストーラが起動するので［Next］をクリックします。

インストールするコンポーネントを選択します。通常はすべてにチェックを入れた状態で［Next］をクリックします。

なお、右図の項目リストの一番下に表示されている［Performance］は、お使いのPCによっては表示されない場合があります。

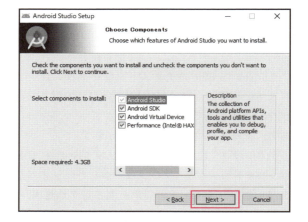

利用規約が表示されます。規約を読んで、合意する場合は［I Agree］をクリックします。選択したコンポーネントによっては表示されない利用規約があります。

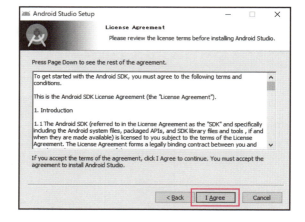

Android StudioとAndroid SDKをインストールする場所を設定します。

下段にある[Android SDK Installation Location]の情報はあとで必要になるので、必ずコピーをするなどして保存してください。通常は最初に表示されたフォルダーのまま［Next］をクリックします。

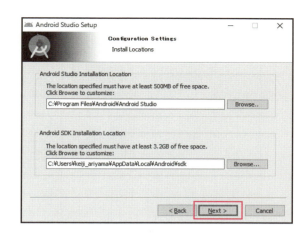

エミュレーターに割り当てるメモリを設定します。通常は最初に設定されている値を使ってください。お使いのPCによっては、表示されない場合があります。

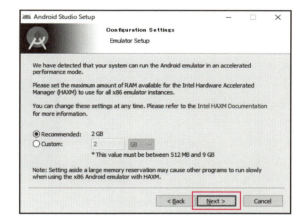

スタートメニューに登録するフォルダー名を設定します。「Android Studio」のまま［Install］をクリックします。

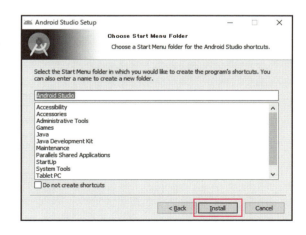

インストール処理が完了し、[Next]をクリックすると、Android Studioのインストール処理が完了します。

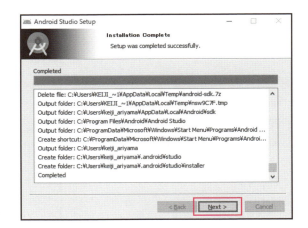

[Start Android Studio] のチェックボックスが有効になっていることを確認して、[Finish] をクリックします。

2-3 Android Studioを起動する

　Android Studioを起動すると、設定の引き継ぎを確認するダイアログが表示されます。

　新しくインストールをした場合、引き継ぐ設定がないので、下の [I do not have...] を選択して [OK] をクリックします。

Android Studioはアップデートの確認などのために通信をします。そのため、Windowsが［重要な警告］を表示する場合があります。名前が「Android Studio」、発行元が「Google」になっていることを確認してから［アクセスを許可］をクリックします。

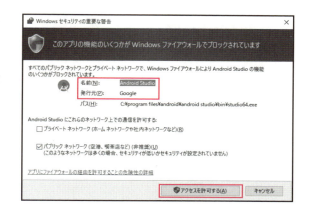

Android Studioは最初の起動時にアップデートを確認して、最新のコンポーネントがあれば自動でダウンロードします。

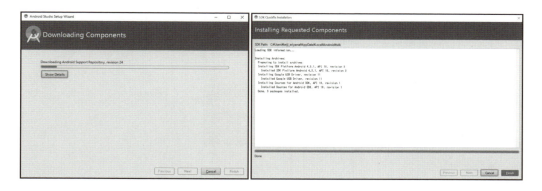

Android Studioが起動しました。今後、プロジェクトの作成や読み込みなど、すべて次の画面を起点に操作をしていきます。

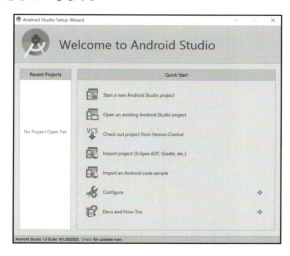

2-4 開発に必要なコンポーネントをダウンロードする

　Android Studioは、インストールした時点で最低限、開発に必要なコンポーネントを含んでいます。
　インストールしてすぐにアプリ開発を始めることもできますが、本書で紹介するサンプルを実際に作るには特定のコンポーネントが必要です。これから本書を通じてアプリ開発を進めていくために必要となるコンポーネントをダウンロードします。

SDK Managerを起動

　Androidのアプリ開発に必要となるコンポーネントは「SDK Manager」を通じてダウンロードします。
　SDK Managerは、アプリ開発に関係するコンポーネントを管理するソフトウェアです。SDK Managerを通じてコンポーネントをダウンロードするには、100MB以上の通信が発生する場合があります。必ず、Wi-Fiなどの高速で安定した通信を確保してから実行してください。

　Android Studioの起動画面から［Configure］-［SDK Manager］をクリックします。

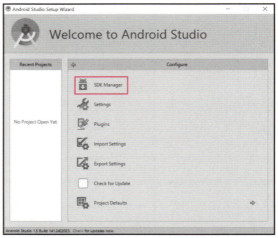

次のようにAndroid SDKに関する情報が表示されるので、インストールするコンポーネントを選択していきます。

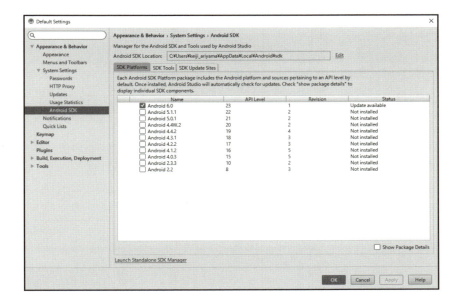

次のコンポーネントを選択してください。

・SDK Platform
　Android 4.3.1（API Level 18）
・SDK Tools
　Google USB Driver

選択をして［OK］をクリックするとインストールするコンポーネントが右図のように表示されます。確認した後、［OK］をクリックしてください。

インストールを開始するとSDK Managerは、選択したコンポーネントをインターネットを通じてダウンロードします。

ダウンロードにかかる時間は、選択したコンポーネントの個数や通信の状態にもよりますが、1時間以上かかる場合もあります。

ダウンロードとインストールが終了すると、次のような画面が表示されます。［Finish］をクリックすると完了です。

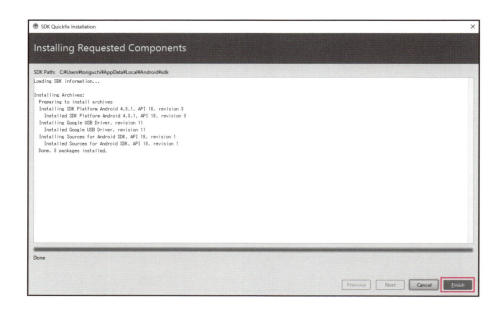

Chapter 3
Android Studioを セットアップしよう (OS X編)

この章では、お使いのMacにAndroid Studioをセットアップして、利用できる状態にします。すでにAndroid Studioのセットアップが終わっている人は、スキップしてもかまいません。

3-1 Java開発キットをインストールする

Androidの開発環境を整える第一歩としてJava開発キットJDK（Java Development Kit）をインストールします。

Androidアプリは、Java言語でプログラムを記述して開発します。また、Android Studio自身もJava言語で開発されているので、JDKがない状態でAndroid Studioをインストールしても、Android Studioは起動できません。

本書ではOS X（El Capitan）にJDKをインストールします。

ダウンロード

JDKのインストール用パッケージをダウンロードします。Webブラウザで次のURLにアクセスします。

http://www.oracle.com/technetwork/java/javase/downloads/

JDKを配布しているOracleのサイトは、構造を変えることがあります。もし、上記のURLでJDKのダウンロードページが表示されない場合は、検索サイトから"Java JDK Download"のキーワードで検索してください。

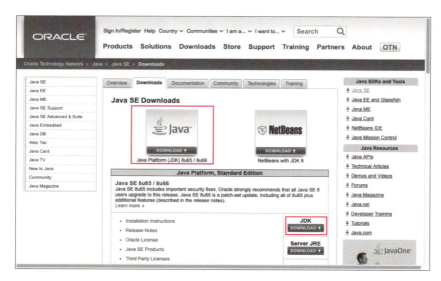

Javaのダウンロードページが表示されます。本書の執筆時点では、一番上に「Java SE 8u65」という項目が表示されています。

「8u65」は、Javaのバージョンを表していて、8は「Java 8」を示しています。続く「u65」は、アップデートバージョンです。同じJava 8でも、時期によってバージョンが更新される場合があります。その場合、アップデートバージョンの数字が変わってきます。

最新版のJDKをダウンロードします。右側にある［JDK］ボタンをクリックすると、JDKのダウンロード画面が表示されます。

JDKをダウンロードするには、License Agreement（利用許諾）に同意する必要があります。「Oracle Binary Code License Agreement for Java SE」を読み、同意する場合は［Accept License Agreement］の左側の丸をクリックします。

利用許諾に同意したら、お使いのプラットフォームにあった「JDK（Mac OS X x64）」を選択します。右側のリンクをクリックすると、ダウンロードを開始します。

なお、お使いのPCにウィルス対策ソフトやセキュリティソフトをインストールしている場合は、ダウンロードやダウンロードしたファイルが実行できない場合があります。その場合、お使いのソフトウェアの設定を確認してください。

インストール

ダウンロードしたファイルをダブルクリックするなどして実行して、表示されたパッケージをダブルクリックするとインストーラが起動します。

［次へ］をクリックします。

［続ける］をクリックします。

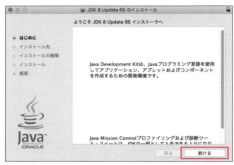

［インストール］をクリックすると、必要なソフトウェアのインストールが始まります。

インストールにユーザーのパスワードが必要になる場合があります。ログインパスワードを入力して［ソフトウェアをインストール］をクリックします。

次の画面が表示されればインストールは完了です。［閉じる］をクリックしてインストーラを終了します。

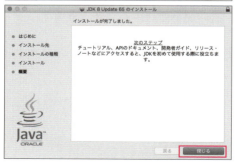

3-2 Android Studioをインストールする

Javaのインストールが完了したら、続けてAndroid Studioをインストールします。

ダウンロード

インストール用パッケージをダウンロードします。Webブラウザで次のURLにアクセスします。

https://developer.android.com/sdk/

Android Studioのダウンロードページが表示されます。

赤枠内[DOWNLOAD]ボタンをクリックします。公開されているバージョンは時期によって異なり、本稿執筆時点（2015年11月）で最新の安定版は1.5.0です。

> ここでは日本語版のダウンロードページを掲載しています。環境によっては、英語版が表示されますが、ページ内の言語設定で切り替えられます。なお、日本語版と英語版の各ページにある[DOWNLOAD]ボタンからダウンロードできるインストール用パッケージのバージョンが異なる場合もありますので、ご注意ください。

続いてAndroid Studioの利用規約が表示されます。

Android Studioのインストーラをダウンロードするには、利用規約に同意する必要があります。表示時点では［DOWNLOAD］のボタンは無効化されています。利用規約を読んで、ボタンの上にあるチェックボックスをONにすると、クリックできるようになります。

お使いのPCにウィルス対策ソフトやセキュリティソフトをインストールしている場合は、ダウンロードや、ダウンロードしたファイルが実行できない場合があります。その場合、お使いのソフトウェアの設定を確認してください。

インストール

ダウンロードしたファイルをダブルクリックすると、Android StudioとApplications（アプリケーション）へのショートカット2つが表示されたウィンドウが開きます。

Android Studio のアイコンを Applications のフォルダーにドラッグ＆ドロップでコピーすれば、インストールは完了です。

3-3 Android Studio をセットアップする

Android Studio を起動するには、Applications（アプリケーション）から Android Studio のアイコンをクリックします。

お使いの Mac の設定によっては、次のように警告を表示する場合があります。ダウンロードしたサイト URL が正しいかを確認して［開く］をクリックします。

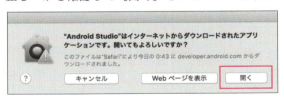

一度開くと、次からは警告を表示せずに Android Studio を実行できます。

起動すると、設定の引き継ぎを確認するダイアログが表示されます。新しくインストールをした場合、引き継げる設定がないので、下の［I do not have...］を選択して［OK］をクリックします。

最初の起動時に、必要なコンポーネントをダウンロードするためのセットアップが始まります。セットアップには400MB以上の通信が発生する場合があります。必ず、Wi-Fiなどの高速で安定した通信を確保してから実行してください。
　［Next］をクリックします。

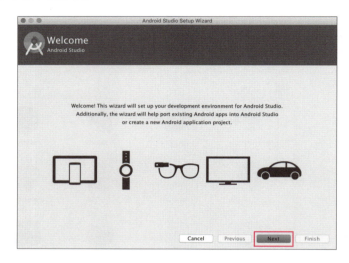

　セットアップの種類を選択します。ここでは「Standard」を選択していることを確認して［Next］をクリックします。

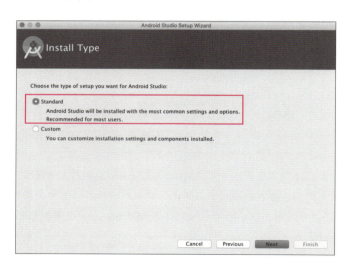

　ダウンロードするコンポーネントを確認します。［Next］をクリックすると、コンポーネントのダウンロードが始まります。

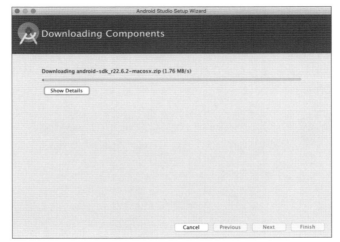

インストールの途中で、ユーザーのパスワードが必要になる場合があります。ログインパスワードを入力して［OK］をクリックします。

3-3 Android Studio をセットアップする

コンポーネントのダウンロードとセットアップが完了しました。［Finish］をクリックします。

Android Studioが起動しました。今後、プロジェクトの作成や読み込みなど、すべて次の画面を起点に操作をしていきます。

3-4 開発に必要なコンポーネントをダウンロードする

　Android Studioは、インストールした時点で最低限、開発に必要なコンポーネントを含んでいます。

　インストールしてすぐにアプリ開発を始められますが、本書で紹介するサンプルを実際に作るには、特定のコンポーネントが必要です。これから本書を通じてアプリ開発を進めていくために必要となるコンポーネントをダウンロードします。

SDK Managerを起動

　Androidのアプリ開発に必要となるコンポーネントは「SDK Manager」を通じてダウンロードします。

　「SDK Manager」は、アプリ開発に関係するコンポーネントを管理するソフトウェアです。「SDK Manager」を通じてコンポーネントをダウンロードするには、100MB以上の通信が発生する場合があります。必ず、Wi-Fiなどの高速で安定した通信を確保してから実行してください。

　Android Studioの起動画面から［Configure］－［SDK Manager］をクリックします。

Android SDKに関する情報が表示されるので、インストールするコンポーネントを選択していきます。

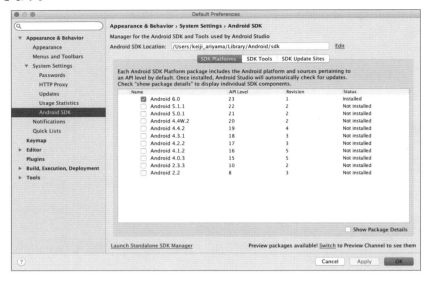

次のコンポーネントを選択してください。

・SDK Platform
　Android 4.3.1（API Level 18）

選択をしてから［OK］をクリックするとインストールするコンポーネントが表示されます。確認した後、［OK］をクリックしてください。

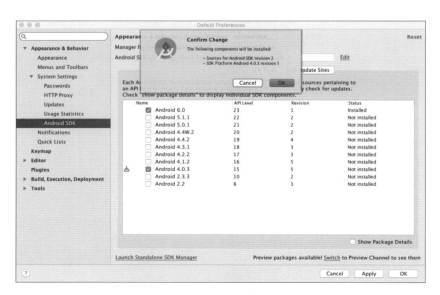

インストールを開始するとSDK Managerは、選択したコンポーネントをインターネットを通じてダウンロードします。
　ダウンロードにかかる時間は、選択したコンポーネントの個数や通信の状態にもよりますが、1時間以上かかる場合もあります。

Chapter 4
アプリを実行しよう

この章では、プロジェクトを作成して、エミュレーター上で実行します。また、実機にも接続して試してみましょう。

4-1 プロジェクトを作成する

　Android Studioがインストールできたら、いよいよAndroidアプリの開発を始めましょう。

　はじめに、新しいプロジェクトを作成します。Androidのアプリは「プロジェクト」という単位で管理します。

　最初の画面で［Start a New Android Studio project...］をクリックすると、プロジェクトを作成する画面になります。

　［Application name］に"HelloAndroid"、［Company Domain］に"keiji.io"と入力して［Next］をクリックします。

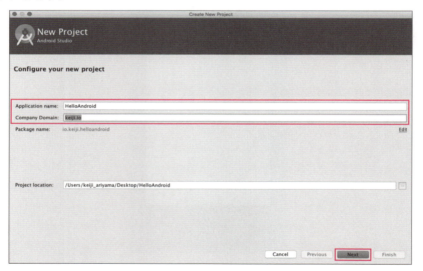

> 　ここで入力する［Company Domain］は、これから開発するAndroidアプリのパッケージ名（applicationId）の元になります。パッケージ名（applicationId）は、［Company Domain］を逆順にしたものになります。
>
> 　例えばkeiji.ioは、io.keijiになります。ここで［Package name］に示されている値が、これから開発するAndroidアプリのapplicationIdです。applicationIdは、Androidアプリを識別するためのもので、同じapplicationIdのAndroidアプリは同時に1つしかインストールできません。

［Phone and Tablet］にチェックが入っていることを確認します。［Minimum SDK］に「API 15: Android 4.0.3（IceCreamSandwich）」を選択して［Next］をクリックします。

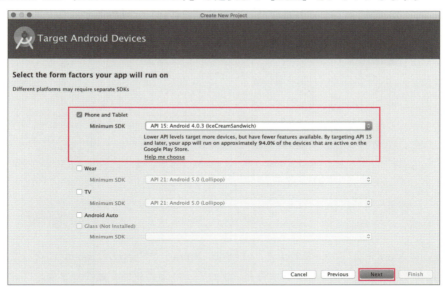

［Empty Activity］を選択して［Next］をクリックします。

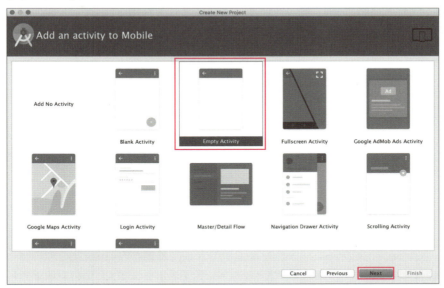

［Empty Activity］はAndroid Studioでプロジェクトを作るうえで、もっとも基本となるテンプレートです。

次に、Activityとレイアウトファイルの名前を入力します。

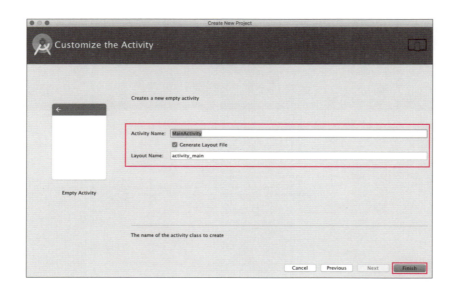

　［Activity Name］が"MainActivity"、［Layout Name］が"activity_main"になっていることを確認して［Finish］をクリックすると、プロジェクトの生成が始まります。プロジェクトの生成時にはインターネット接続が必要で、時間がかかる場合があります。

　次の画面はプロジェクトの生成が完了した状態です。

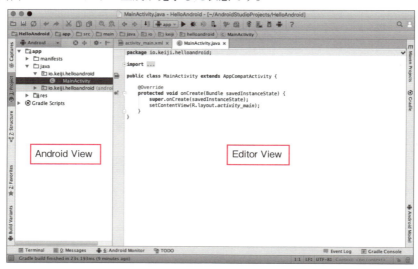

　左側にはプロジェクトに関係するファイルの一覧が表示されます。この領域をアンドロイドビュー（Android View）と呼びます。右側は、ファイルの内容を表示して編集する画面が表示される領域でエディタービュー（Editor View）と呼びます。

　なお、本書では「Android View」を「Project View」に変更してアプリ開発を進めていきます。Project Viewに変更するには、左上の［Android］メニューから［Project］を選択します。

4-2 エミュレーターを準備する

エミュレーターを使ってAndroidアプリを開発する方法を紹介します。

エミュレーターは、PC上でAndroidの携帯電話やタブレットなど、Androidデバイスのハードウェアを模倣（emulate）するソフトウェアです。エミュレーターを使えば、実際のAndroidデバイスがなくてもアプリの表示や動きを確認できます。

しかし、エミュレーターも完璧ではありません。ハードウェアを模倣するソフトウェアが必要になる分、動作が遅くなることと、マルチタッチやバイブレーション、センサーなど、完全には模倣できない機能があります。

AVDの作成

エミュレーターを動作させるには、最初に「AVD（Android Virtual Device）」を作成します。

AVDは、エミュレーターで動作するAndroidのバージョンやディスプレイの大きさなど、Androidデバイスに関する情報をひとまとめにしたデータです。

AVDの作成や、作成したAVDの管理は「AVD Manager」で行います。Android Studioのツールバーから、AVD Managerのアイコン ![] をクリックします。

AVD Managerが起動します。すでにAVDが作成されている場合は、AVDの一覧画面が表示されます。AVDを追加するには［Create Virtual Device...］をクリックします。

　最初に、作成するAVDがエミュレート（模倣）するハードウェアを選択します。本書ではNexus 5を使ってアプリを開発するので「Nexus 5」を選択して［Next］をクリックします。

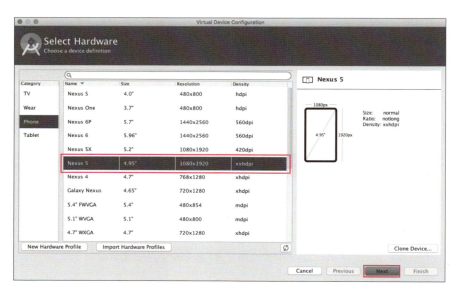

　次に、指定したハードウェアで動作するシステムイメージ。つまり、Androidのバージョンを指定します。ここでは、「JellyBean」を指定します。

- Release Name：JellyBean
- API Level　　：18
- ABI　　　　　：armeabi-v7a
- Target　　　：Android 4.3

　しかし、最初の状態ではエミュレーターのシステムイメージがありません。それぞれのシ

ステムイメージの隣にある［Download］リンクをクリックすると、システムイメージをダウンロードできます。

ダウンロードが完了したら［Finish］をクリックして、再びシステムイメージの選択画面に戻ります。

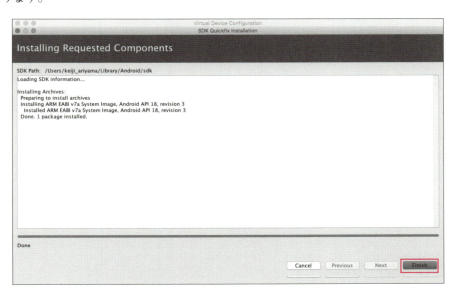

先ほどダウンロードしたJellyBeanのイメージを選択して［Next］をクリックします。

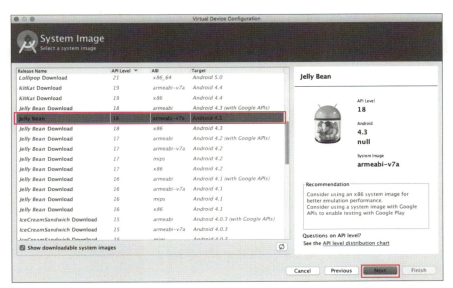

最後に、作成するAVDの最終確認です。[Finish]をクリックするとAVDが作成されます。

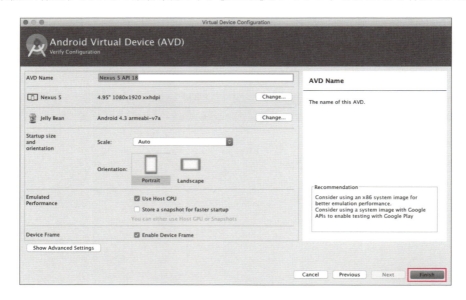

エミュレーターの起動

　エミュレーターは、AVD Managerから起動します。先ほど作成したAVDの情報が表示されています。

　起動するAVDの右側の再生ボタン▶をクリックすると、エミュレーターが起動します。

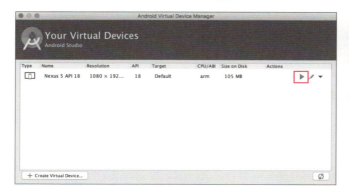

　エミュレーター上でAndroidの起動が始まります。しばらくして「Make yourself at home」の文字が表示されれば起動は完了です。

4-3 プロジェクトを実行する

開発している Android アプリをエミュレーターで実行するには、Android Studio の上部のツールバーの［Run］▶をクリックします。

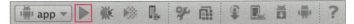

［Run］が押されると、Android Studio はアプリを実行するデバイスの確認を表示します。そして、開発中の Android アプリを実行するのに必要な準備を行います。この準備を「ビルド」と呼びます。

ビルドが完了すると、Android Studio はアプリを実行する最終確認を表示します。

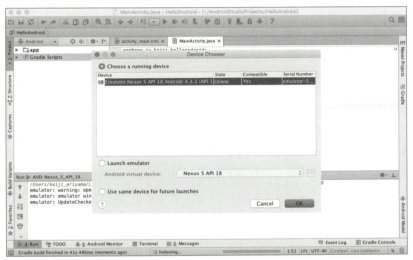

［Choose a running device］の項目で開発しているアプリを起動するデバイスを選択します。

ここで先ほど起動したエミュレーターの［State］が"Online"になっていることを確認して［OK］をクリックします。しばらくすると、エミュレーターの画面にプロジェクト「HelloAndroid」の画面が表示されます。

確認画面に起動しているエミュレーターが表示されていない、表示されていても［State］が「Online」になっていない場合は、一度［Cancel］をクリックします。

次に、起動しているエミュレーターを終了して、もう一度AVD Managerからエミュレーターを起動しなおしてから再度［Run］ボタンをクリックします。

ウィルス対策ソフトやセキュリティソフトをインストールしている場合、エミュレーターが正常に起動しない、起動してもアプリの実行ができない場合があります。その場合、お使いのウィルス対策ソフト、セキュリティソフトの設定を確認してください。

4-4 実機をつなぐ設定をする

「実機」とは、エミュレーターでない、Androidが動作する携帯電話やタブレットなどの端末を言います。

これまで、開発したアプリをエミュレーターで実行する方法を紹介してきました。実機がなくても、エミュレーターを使えば、Androidアプリの表示や動きを確認できました。しかし、繰り返しになりますが、エミュレーターは完璧ではありません。ハードウェアを模倣するソフトウェアが必要になる分、動作が遅くなることと、マルチタッチやバイブレーション、センサーなど、模倣できない機能があります。

実機を持っていれば、エミュレーターを使わなくても開発したアプリの表示や動きを確認できます。エミュレーターよりも動作速度が速く、エミュレーターが対応していない機能もすべて使用できます。

実機は「開発用の特別な何か」である必要はありません。お使いの携帯電話やタブレットでAndroidが動作していれば、ちょっとした設定をすれば、開発中のアプリケーションを実行できるようになります。

ここでは、Androidの実機を開発用として設定して、開発中のAndroidアプリを実行する方法を解説します。実機を持っていない人はスキップしてもかまいません。

「開発者向けオプション」の表示

Androidの実機は通常、アプリの実行状況やログなどの情報をAndroid Studioから確認できる開発者向けの機能が無効化されています。これらの機能は［開発者向けオプション］というメニューにありますが、このメニューは隠されていて、通常は見ることができません。そこでまず、この［開発者向けオプション］を表示するための手順を紹介します。

実機の設定から［端末情報］を選択します（次ページに掲載している画面はNexus 5のものです。画面のデザインや表示されている項目は、Androidの機種やバージョンによって異なる場合があります）。

一般的に［端末情報］は、設定画面の一番下に配置されています。端末情報の画面の一番下に［ビルド番号］の項目があります。この項目を連続で7回、選択（タップ）します。

画面に「これでデベロッパーになりました！」と表示されれば設定は完了です。設定画面に戻ると、［端末情報］の上に［開発者向けオプション］の項目が追加されています。

［開発者向けオプション］を選択して表示されたオプションから、［USBデバッグ］を選択します。USBデバッグを有効にする際、Androidは画面に警告を表示します。

警告を確認してから、[OK] を選択します。USBデバッグの項目が有効になったことを確認すれば設定は完了です。

警告に書かれているとおり、USBデバッグはあくまでアプリ開発者向けの機能であることに注意してください。基本的に、実機のUSBデバッグを有効にするのは、アプリ開発に使用するときに限定して、アプリ開発をしないときは無効に設定するようにしてください。

PCと接続

実機に開発中のAndroidアプリをインストールするには、PCと接続する必要があります。エミュレーターはPC上で動作していましたが、実際の端末の場合は接続しなければAndroidアプリをインストールしたり、実機の情報を読み取ることはできません。

実機とPCは、UBSケーブルで繋いで接続します。接続に使うUSBケーブルの種類は、端末によって異なりますが「USB Type B（マイクロUSBコネクタ）」と呼ばれる規格が一般的です（「充電専用」と記載のあるUSBケーブルは、アプリ開発に使用できないので注意してください）。

USBデバッグを有効にしたAndroidの実機とAndroid StudioをインストールしたPCをUSBケーブルで接続すると、Android実機の画面に確認が表示されます（Windowsの場合、接続した後ドライバーのインストールが必要になります）。

確認画面で [OK] を選択します。

USBデバッグを許可すると、PCはAndroidの実機でどのようなアプリが実行されているかの状況やログ出力を取得したり、表示されている画面を撮影（キャプチャ）するなどの操作が可能になります。
　USBデバッグの許可は、絶対に信頼しているPCだけに限定してください。

▶ Windowsの場合

　前述のとおり、実機とPCを接続するとUSBデバッグができるようになります。

　ただし、USBケーブルで接続しているPCがWindowsの場合、USBケーブルで接続した後、ドライバーのインストールが必要です。スタートボタンを右クリックして、表示されるメニューから［デバイスマネージャー］を開きます。

　表示される一覧から、黄色い！マークの表示されたデバイスを探します。

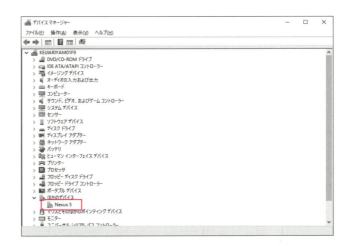

4-4 実機をつなぐ設定をする　049

右クリックして表示されるメニューから［ドライバーソフトウェアの更新］を選択します。

［ドライバーソフトウェアの更新］画面が表示されたら［コンピュータを参照してドライバーソフトウェアを検索します］をクリックします。

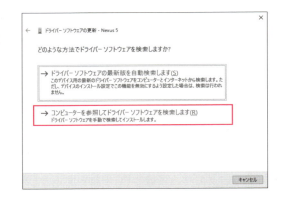

［次の場所でドライバー ソフトウェアを検索します］のテキストボックスにAndroid Studioをインストールしたときに控えたAndroid SDKの場所を入力します。一般的には"C:¥Users¥ユーザー名¥AppData¥Local¥Android¥sdk"が、Android SDKの場所になります。

［サブフォルダーも検索する］にチェックが入っていることを確認して［次へ］ボタンをクリックします。

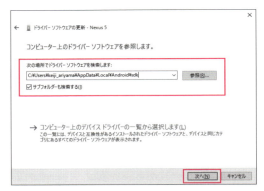

確認画面が表示されるので［インストール］をクリックします。

［閉じる］をクリックすればドライバのインストールは完了です。

以上で、WindowsにインストールしたAndroid Studioで開発中のアプリが、Androidの実機で実行できるようになりました。

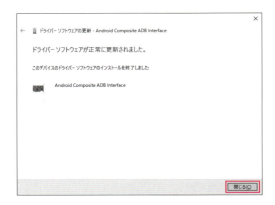

Chapter 5

"Hello Android！"で アプリ開発の流れを 理解しよう

この章では、最も基本となるHelloAndroidアプリを変更しながら、アプリ開発の一連の流れを解説します。ボタンを追加して、ボタンを押したときの処理なども追加します。

5-1 プロジェクトを作成する

このステップでは、これから開発するアプリのプロジェクトを作成します。

Android Studioを起動した最初の画面で［Start a new Android project］をクリックします。

アプリケーション名とapplicationIdを設定する

プロジェクト作成画面で［Application name］に"HelloAndroid"、［Company Domain］に"keiji.io"と入力して［Next］をクリックします。

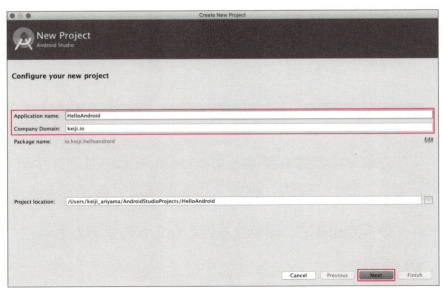

ここで入力する［Company Domain］は、これから開発するAndroidアプリのパッケージ名（applicationId）の元になります。パッケージ名（applicationId）は［Company Domain］を逆順にしたものになります。

例えばkeiji.ioは、io.keijiになります。ここで［Package name］に示されている値が、これから開発するAndroidアプリのapplicationIdです。applicationIdは、Androidアプリを識別するためのもので、同じapplicationIdのAndroidアプリは、同時に1つしかインストールできません。

対応バージョンと対象のデバイスを設定する

［Phone and Tablet］にチェックが入っていることを確認します。
［Minimum SDK］に［API 15: Android 4.0.3（IceCreamSandwich）］を選択して［Next］をクリックします。

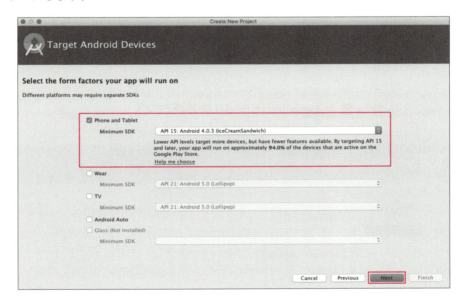

生成するテンプレートを選択する

［Empty Activity］を選択して［Next］をクリックします。

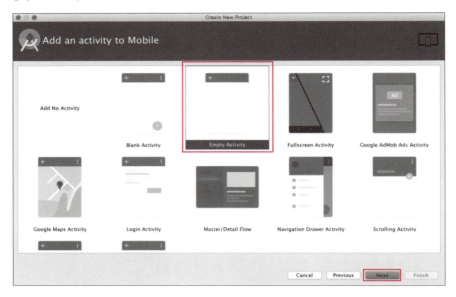

［Empty Activity］は、Android Studioでプロジェクトを作るうえで、もっとも基本となるテンプレートです。最初に作成するActivityとレイアウトファイルの名前を入力します。

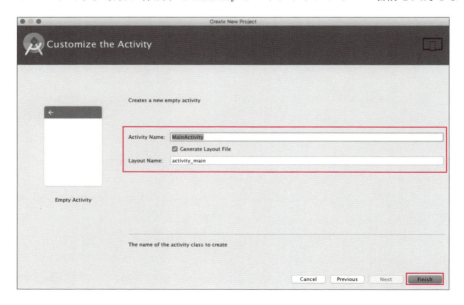

［Activity Name］が"MainActivity"、［Layout Name］が"activity_main"になっていることを確認して［Finish］をクリックすると、プロジェクトの生成が始まります。

プロジェクトの生成には時間がかかる場合があります。また、生成時にはインターネット接続が必要です。

以上で、プロジェクトの作成は完了です。

生成されたプロジェクト

プロジェクトの生成が完了した状態です。

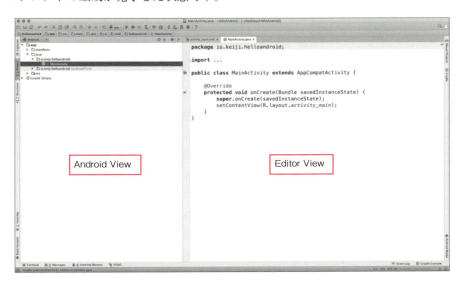

左側の領域に「Android View」が表示されています。右側はファイルの内容を編集するエディタービュー（Editor View）が表示される領域です。

なお、本書では「Android View」を「Project View」に変更してアプリ開発を進めていきます。Project Viewに変更するには、左上の［Android］メニューから［Project］を選択します。

プロジェクトの実行

まず、作成したHelloAndroidプロジェクトを実行します。

Android Studioの上部のツールバーの［Run］をクリックすると、アプリを起動するデバイスの選択画面が表示されます。

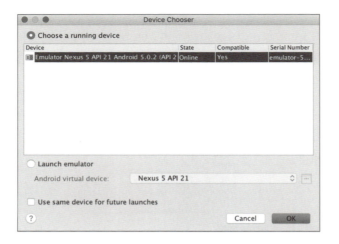

　デバイスの選択画面（Device Chooser）には、エミュレーターを起動していればエミュレーターで動作するAVDの名前が、Androidの実機を接続している場合はAndroid端末のシリアル番号が表示されます。
　エミュレーターを起動し、さらにAndroidの実機を接続している場合、2つ以上のデバイスが同時に表示される場合もあります。アプリを起動するデバイスを選択して［OK］をクリックします。

　アプリケーションを実行すると、選択したAndroidデバイスの画面が開発中のアプリの画面に自動的に切り替わります。

5-2 表示内容を変更する

アプリ開発の第一歩として、現在"Hello World!"と表示されている文字列を"Hello Android!"に変更しましょう。

Android Studioでプロジェクトを作成した直後は、「MainActivity.java」と「activity_main.xml」の2つのファイルが開いていて、MainActivity.javaが表示されています。

Android Studioは、複数のファイルを同時に開いて編集できます。開いているファイルは上に一覧で表示されています。この1つひとつを「タブ」といい、編集中のファイルを示します。表示されているタブをクリックすると、編集中のファイルが切り変わります。

上のタブからactivity_main.xmlのタブを選択するとアプリの画面が表示されるので、さらに下部のタブで［Text］を選択します。

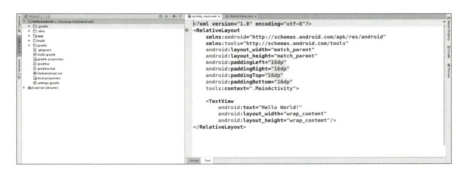

Androidアプリ開発では、ここに表示しているactivity_main.xmlなどres/layoutフォルダーにあるファイルを「レイアウトファイル」と呼びます。

右端に、細長く縦に並んだメニューから［Preview］をクリックしてください。レイアウトファイルが実際のAndroid端末で表示されるとどのような見た目になるのか、プレビュー画面が表示されます。

レイアウトファイルactivity_main.xmlに含まれる「TextView」には、「android:text」という項目があります。これらの項目を「属性」と呼びます。TextViewの属性「android:text」を見てみましょう。"Hello World!"の文字列が表示されています。

それでは、ここに書かれている"Hello World!"の文字列を、"Hello Android!"に書き替えてみましょう（リスト5-1）。

> レイアウトファイルには、いろいろな英単語が整然と並んでいますが、これは「XML」という形式で記述されています。Androidの画面は、XMLで定義する規則になっています。
>
> 本書ではXMLに関する詳細な説明は割愛しますが、心配は無用です。Androidのレイアウトに使用するXMLは、Androidアプリ専用の規格なので「このように書くのだ」と覚えておけば、問題なくアプリ開発を進めることができます。

○リスト5-1：activity_main.xml（"World"を"Android"に変更する）

```
<?xml version="1.0" encoding="utf-8"?>
<RelativeLayout
    xmlns:android="http://schemas.android.com/apk/res/android"
    xmlns:tools="http://schemas.android.com/tools"
    android:layout_width="match_parent"
    android:layout_height="match_parent"
    android:paddingBottom="@dimen/activity_vertical_margin"
    android:paddingLeft="@dimen/activity_horizontal_margin"
    android:paddingRight="@dimen/activity_horizontal_margin"
    android:paddingTop="@dimen/activity_vertical_margin"
    tools:context=".MainActivity">

    <TextView
        android:layout_width="wrap_content"
        android:layout_height="wrap_content"
-       android:text="Hello World!"/>
+       android:text="Hello Android!"/>
</RelativeLayout>
```

書き替えが終わったら右端のPreviewメニューをクリックしてみましょう。先ほど変更した内容が反映されて"Hello Android!"になっているのがわかります。

実行 実際のアプリの画面の文字列も、期待どおりに変更されています。

Android Studioにactivity_main.xmlが表示されていない場合

一度作成したHelloAndroidプロジェクトを開き直したり、何らかのきっかけで画面にactivity_main.xmlが表示されていない場合、左側のプロジェクトビューから必要なファイルをダブルクリックすることで、目的のファイルを開くことができます。

フォルダーが閉じていて中のファイルを選択できない場合、フォルダーをダブルクリックするか、左側にある三角形のマークをクリックしてください。フォルダーに含まれるファイルを表示できます。

画面にボタンを追加する

次に、画面にボタンを1つ追加します。レイアウトファイルactivity_main.xmlをリスト5-2のように変更します。

○リスト5-2：activity_main.xml（ボタンを追加する）

```xml
<?xml version="1.0" encoding="utf-8"?>
<RelativeLayout
<LinearLayout                                                         ①
    xmlns:android="http://schemas.android.com/apk/res/android"
    xmlns:tools="http://schemas.android.com/tools"
    android:layout_width="match_parent"
    android:layout_height="match_parent"
    android:orientation="vertical"                                    ②
    android:paddingBottom="@dimen/activity_vertical_margin"
    android:paddingLeft="@dimen/activity_horizontal_margin"
    android:paddingRight="@dimen/activity_horizontal_margin"
    android:paddingTop="@dimen/activity_vertical_margin"
    tools:context=".MainActivity">

    <TextView
        android:layout_width="wrap_content"
        android:layout_height="wrap_content"
        android:text="Hello Android!"/>

    <Button                                                           ③
```

```
+                android:layout_width="wrap_content"
+                android:layout_height="wrap_content"
+                android:text="押してください！"/>
-     </RelativeLayout>
+     </LinearLayout>       ④
```

①RelativeLayoutをLinearLayoutに変更する。RelativeLayoutは、最後の行も書き替える必要がある

②LinearLayoutに、android:orientationの属性を追加する。値はverticalを指定する

③TextViewの下にButtonを追加する。TextViewをコピーして、先頭とandroid:textの内容だけ書き替えると簡単に追加できる

④最後のLinearLayoutは、先頭に"/（スラッシュ）"記号をつける

 画面に新しいボタンが表示されます。

ボタンを押したときのイベントを処理する

　画面にボタンを追加しましたが、表示されたボタンをタップしても何も起こりません。ボタンを押したらどのような処理をするのか、プログラムで指定する必要があります。

▶ ButtonにIDを設定する

　まず、レイアウトのButtonにandroid:id属性を追加します。レイアウトファイルactivity_main.xmlをリスト5-3のように変更します。

○リスト5-3：activity_main.xml

```
      <Button
+         android:id="@+id/btn_pushme"    ①
          android:layout_width="wrap_content"
          android:layout_height="wrap_content"
          android:text="押して下さい！"/>
      </LinearLayout>
```

① Buttonにandroid:id属性を追加する。IDの値は"btn_pushme"を設定する。ここで追加するIDはレイアウトの部品をプログラムから変更するために必要となる。"@"の後ろに"+"をつけるのを忘れずに！

▶ **Buttonにイベントを設定する**

ButtonにIDを設定したら、プログラム側を変更します。MainActivity.javaをリスト5-4のように変更します。

○リスト5-4：MainActivity.java

```
package io.keiji.helloandroid;
import android.os.Bundle;
import android.support.v7.app.AppCompatActivity;
import android.view.View;
import android.widget.Button;
public class MainActivity extends AppCompatActivity {

    private Button buttonPushMe;

    @Override
    protected void onCreate(Bundle savedInstanceState) {
        super.onCreate(savedInstanceState);
        setContentView(R.layout.activity_main);

        buttonPushMe = (Button) findViewById(R.id.btn_pushme);   ①
        buttonPushMe.setOnClickListener(new View.OnClickListener() {
            @Override
            public void onClick(View v) {                               ②
                buttonPushMe.setText("ボタンが押されました！");
            }
        });

    }
}
```

① 表示している画面の部品を取得するにはfindViewByIdメソッドを使う。findViewByIdメソッドの引数に、レイアウトファイルでandroid:idとして設定したものと同じ名前を指定する。また、findViewByIdメソッドの戻り値は常にViewクラスとなるので適切なクラスにキャストする必要がある

② buttonPushMeにOnClickListenerを設定する。OnClickListenerには、ボタンがタップされたときに実行する処理を記述する。buttonPushMeに設定するOnClickListenerで、ボタンの文字列を"ボタンが押されました！"に変更する

COLUMN

import宣言の追加

　Java言語では、プログラム中で使用するクラスは一部を除いてimport文で宣言する必要があります。

　import文はクラスの最初に宣言する必要があるので、プログラムを入力している際、最初に移動するという作業は効率的ではありません。これらimport文は、手で入力する必要はありません。Android Studioのクイックフィックス機能を使えば、必要なクラスを簡単にimportできます。

　Android Studioは、プログラム中にimportしていないクラスがあると、importしていないクラス名を赤く表示して、同時にimportの候補をポップアップで表示します。

```
public class MainActivity extends
    ? android.widget.Button? で↵
    private Button buttonPushMe;
```

　この状態で[Alt]キーを押しながら[Enter]キー（OS Xの場合は[Option]キーと[Enter]キー）を押すと、importの候補が1つであれば、候補のimport宣言が追加されます。

　importの候補が複数ある場合は、候補の一覧を表示して、importしたいクラスを選択できます。

```
buttonPushMe = (Button) findViewById(R.id.btn_pushme);
buttonPushMe.setOnClickListener(new OnClickListener() {
    @Override
    public void onClick(View v) {        Class to Import
        buttonPushMe.setText("ボタンが押されました！");
    }                android.content.DialogInterface.OnClickListener ▶
});              android.view.View.OnClickListener              ▶
```

実行　起動したときの画面は前回と同じですが、ボタンをタップすると表示している文字列が変わります。

プログラムのonClick内に記述しているbuttonPushMe.setTextが、実際にボタンをタップするまで実行されないことに注意してください。

Buttonに設定したOnClickListenerで、ボタンが押されたときにどのような処理をするかを決定しています。TextViewやButtonなど、Androidの画面を構成する部品には、このような「On....Listener」が複数用意されています。それらをまとめて「イベントリスナー」と呼びます。

画面の部品は、イベントリスナーを設定してさまざまな操作（イベント）を受け取り、処理を実行できます。画面の部品にはsetOnClickListenerをはじめ、それぞれのイベントリスナーを設定するためのメソッドが用意されています。

5-3 画像を表示する／変更する

画像を表示する部品ImageViewを追加して、ボタンのタップで画像を変更するようにプログラムします。

サンプルファイルをダウンロードする

開発を進めるアプリのサンプルコードや画像素材をまとめたファイルを用意しているので、本書のサポートページからダウンロードしてください。サポートページのURLは、次のとおりです。

http://gihyo.jp/book/2016/978-4-7741-7859-2

ファイルはZIP形式で圧縮してあります。ダブルクリックするなどして、デスクトップやマイドキュメントの中に展開してください。

画像ファイルを配置するディレクトリを作成する

［Project View］の「app/src/main/res」を右クリック→［New］→［Directory］をクリックします。表示されるダイアログに"drawable-xxhdpi"と入力して［OK］をクリックします。

画像ファイルをプロジェクトにコピーする

アプリで表示する画像をプロジェクトに追加します。

エクスプローラー（Macの場合はFinder）から、サンプルに含まれる「images」を開きます。droid1.pngとdroid2.pngの2つのファイルを選択して、キーボードの Ctrl キー（Macの場合は Command キー）と C キーを押すと、コピーの準備が整います。

先ほど作成したdrawable-xxhdpiをクリックして選択してから Ctrl キー（Macの場合は Command キー）と V キーを押すと確認画面が表示されます。

［OK］ボタンをクリックするとdroid1.pngとdroid2.pngがコピーされます。

画像の表示

activity_main.xmlを**リスト5-5**のように変更します。

○リスト5-5：activity_main.xml（抜粋）

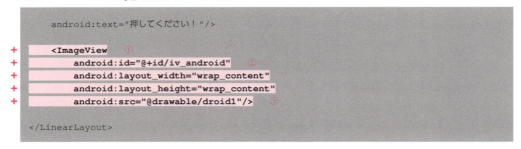

① Buttonの下に、画像を表示する部品ImageViewを追加する
② android:idを"@+id/iv_android"に設定する
③ 表示する画像android:srcに@drawable/droid1を設定する。これは、先ほど追加した画像ファイルdroid1.pngへの参照になる

右側のメニューから［Preview］をクリックして、画像が表示されることを確認します。

　画像が表示されない場合は、[Preview]のツールバーにある[再読み込み]ボタンをクリックします。

　再読み込みをしても画像が表示されない場合は、レイアウトファイルに間違いがないか見直してみましょう。

プログラムから表示する画像を変更する

　続いて、プログラムで表示する画像を変更します。MainActivity.javaを**リスト5-6**のように書き替えます。

○リスト5-6：MainActivity.java

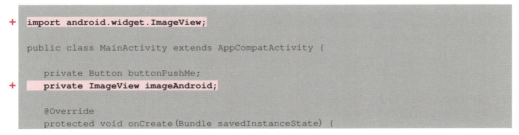

```
        super.onCreate(savedInstanceState);
        setContentView(R.layout.activity_main);

        buttonPushMe = (Button) findViewById(R.id.btn_pushme);
        buttonPushMe.setOnClickListener(new View.OnClickListener() {
            @Override
            public void onClick(View v) {
                buttonPushMe.setText("ボタンが押されました！");
+               imageAndroid.setImageResource(R.drawable.droid2);     ②
            }
        });

+       imageAndroid = (ImageView) findViewById(R.id.iv_android);    ①
    }
}
```

①findViewById には、ImageView に設定した ID（iv_android）を指定する
②ボタンをタップしたときの処理（OnClickListener の onClick）で、表示する画像を変更している

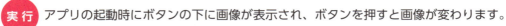アプリの起動時にボタンの下に画像が表示され、ボタンを押すと画像が変わります。

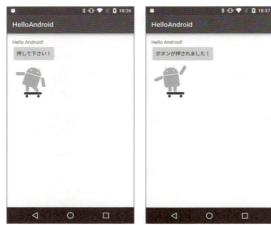

シークバーを追加する

少し変わった部品を追加してみましょう。シークバー（SeekBar）と呼ばれる部品です。

シークバーを使うと、0から100までといった特定の範囲の値を視覚的に表示できるのに加えて、ユーザーからの入力を受けて、値に応じた処理をプログラムできます。

▶レイアウトにシークバーの表示

レイアウトファイル activity_main.xml を開き、リスト5-7 のように変更します。

○リスト 5-7：activity_main.xml

```
            android:src="@drawable/droid1"/>
+       <SeekBar
+           android:id="@+id/sb_red"
+           android:layout_width="match_parent"
+           android:layout_height="wrap_content"
+           android:max="255"/>

+       <SeekBar
+           android:id="@+id/sb_green"
+           android:layout_width="match_parent"
+           android:layout_height="wrap_content"
+           android:max="255"/>

+       <SeekBar
+           android:id="@+id/sb_blue"
+           android:layout_width="match_parent"
+           android:layout_height="wrap_content"
+           android:max="255"/>

    </LinearLayout>
```

① ImageViewの下に3つのSeekBarを追加する。属性android:maxに、SeekBarの示す最大値（255）を指定する。3つのSeekBarはID以外は同じ内容に設定する

▶プログラムの変更

SeekBarを追加したら、次にMainActivity.javaを**リスト5-8**のように変更します。

○リスト 5-8：MainActivity.java

```
+   import android.graphics.Color;
+   import android.graphics.PorterDuff;
+   import android.widget.SeekBar;

-   public class MainActivity extends AppCompatActivity {
+   public class MainActivity extends AppCompatActivity implements SeekBar.OnSeekBarChangeListener {   ①

        private Button buttonPushMe;
        private ImageView imageAndroid;

+       private SeekBar seekBarRed;
+       private SeekBar seekBarGreen;
+       private SeekBar seekBarBlue;

        @Override
        protected void onCreate(Bundle savedInstanceState) {
            super.onCreate(savedInstanceState);
            setContentView(R.layout.activity_main);

            // 省略

            imageAndroid = (ImageView) findViewById(R.id.iv_android);
```

```
+            seekBarRed = (SeekBar) findViewById(R.id.sb_red);
+            seekBarRed.setOnSeekBarChangeListener(this);
+
+            seekBarGreen = (SeekBar) findViewById(R.id.sb_green);         ②
+            seekBarGreen.setOnSeekBarChangeListener(this);
+
+            seekBarBlue = (SeekBar) findViewById(R.id.sb_blue);
+            seekBarBlue.setOnSeekBarChangeListener(this);
         }

+        @Override
+        public void onProgressChanged(SeekBar seekBar, int progress, boolean fromUser) {
+            int red = seekBarRed.getProgress();
+            int green = seekBarGreen.getProgress();
+            int blue = seekBarBlue.getProgress();                         ③
+
+            imageAndroid.setColorFilter(Color.rgb(red, green, blue), PorterDuff.Mode.LIGHTEN);
+        }
+
+        @Override
+        public void onStartTrackingTouch(SeekBar seekBar) {
+        }
+
+        @Override
+        public void onStopTrackingTouch(SeekBar seekBar) {
+        }
     }
```

① MainActivityにOnSeekBarChangeListenerインターフェースを実装する
② 3つのSeekBarを操作用に取得する
③ 3つのSeekBarのいずれか1つが操作された場合、それぞれの値を取得して、画像にカラーフィルターを設定する

> 💡 これまでButtonが押されたイベントを受け取るOnClickListenerを使う際、Buttonなどに直接newして設定していました。
> OnClickListenerもOnSeekBarChangeListenerも、ともにJava言語のインターフェース（interface）です。したがって、インターフェースを直接newする方法のほかに、今回のように他のクラスにimplementsという形で追加することもできます。

3つのシークバーを操作するたびに画像のフィルタが更新されて、色味が変化します。

Chapter 6
Web APIで情報を取得する 天気予報アプリを作ろう

この章では、Web APIから情報を取得して表示する天気予報アプリを開発します。1地点の天気予報だけでなく、複数地点の天気を切り替えて表示できるようにします。

6-1 プロジェクトを作成する

最初に、これから開発するアプリのプロジェクトを作成します。

Android Studioを起動した最初の画面で［Start a new Android project］をクリックします。

アプリケーション名とapplicationIdを設定する

プロジェクト作成画面で［Application name］に"WeatherForecasts"、［Company Domain］に"keiji.io"と入力して［Next］をクリックします。

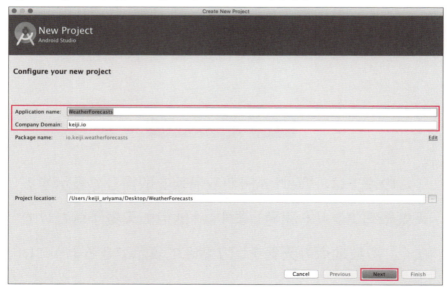

💡 ここで入力する［Company Domain］は、これから開発するAndroidアプリのパッケージ名（applicationId）の元になります。パッケージ名（applicationId）は［Company Domain］を逆順にしたものになります。

例えばkeiji.ioは、io.keijiになります。ここで［Package name］に示されている値が、これから開発するAndroidアプリのapplicationIdです。applicationIdは、Androidアプリを識別するためのもので、同じapplicationIdのAndroidアプリは、同時に1つしかインストールできません。

対応バージョンと対象のデバイスを設定する

［Phone and Tablet］にチェックが入っていることを確認します。

［Minimum SDK］に［API 15: Android 4.0.3 (IceCreamSandwich)］を選択して［Next］をクリックします。

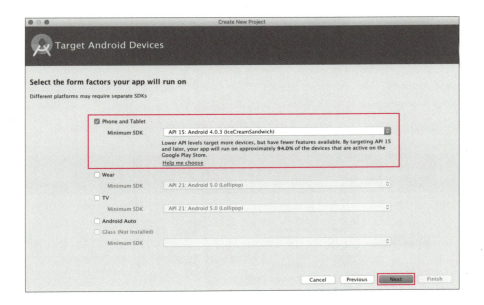

6-1 プロジェクトを作成する　073

生成するテンプレートを選択する

［Empty Activity］を選択して［Next］をクリックします。

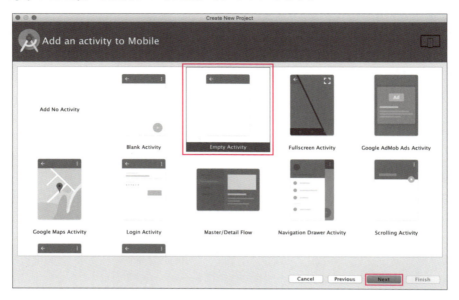

［Empty Activity］は、Android Studioでプロジェクトを作るうえで、もっとも基本となるテンプレートです。

次に、Activityとレイアウトファイルの名前を入力します。

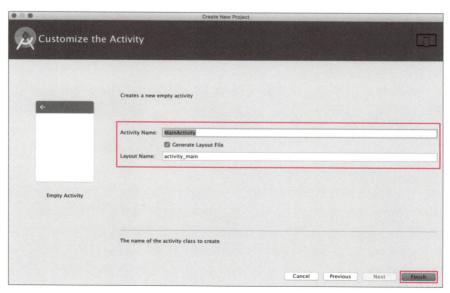

［Activity Name］が"MainActivity"、［Layout Name］が"activity_main"になっているこ

とを確認して［Finish］をクリックすると、プロジェクトの生成が始まります。プロジェクトの生成には時間がかかる場合があります。また、生成時にはインターネット接続が必要です。

プロジェクトの生成が完了すると、左側の領域には「Android View」が表示されています。右側は、ファイルの内容を表示して編集するエディタービュー（Editor View）が表示される領域です。

本書では「Android View」を「Project View」に変更してアプリ開発を進めていきます。Project Viewに変更するには、左上の［Android］メニューから［Project］を選択します。

6-2 天気情報APIにアクセスする

天気予報を表示するためには、最新の天気予報をどこかから取得する必要があります。これは当然と言えば当然なのですが、非常に重要なことです。表示する情報をどこから取得するか、アプリを開発するうえで最初に検討する必要があります。

Web API

Web APIは、サーバーがインターネットを通じてさまざまな機能や情報を提供する仕組みです。インターネット上にはいくつか天気情報を配信するWeb APIがあります。

ここで開発するアプリは、気象データ配信サービス「Weather Hacks」のWebAPI「お天気WebサービスAPI」から、天気情報を取得して表示します。

「お天気WebサービスAPI」は、LINE Corporationが運営するWeb APIです[注1]。ほかにも天気情報を配信しているWeb APIはあるのですが「お天気WebサービスAPI」は無償で情報を配信していて、さらに利用するのに登録や認証を必要としないなど使い勝手が良いものになっています。

ただし「お天気WebサービスAPI」を利用したアプリやサービスを通じての商用活動は認められていません。「お天気WebサービスAPI」を利用したアプリを販売したり、サービスを提供することでユーザーから対価を得ることはできないので、利用にあたっては十分に注意してください[注2]。

パーミッションを追加する

Androidのアプリがネットワークを通じて通信する場合、そのアプリにパーミッションandroid.permission.INTERNETが設定されている必要があります。

パーミッションの設定はapp/src/main/AndroidManifest.xmlを編集します。AndroidManifest.xmlを**リスト6-1**のように変更します。

注1）お天気Webサービス仕様: http://weather.livedoor.com/weather_hacks/webservice
注2）Weather Hacks Q&A: http://weather.livedoor.com/weather_hacks/qa

○リスト6-1：app/src/main/AndroidManifest.xml

```
<manifest
    package="io.keiji.weatherforecasts"
    xmlns:android="http://schemas.android.com/apk/res/android">

+   <uses-permission android:name="android.permission.INTERNET"/>

    <application
```

WeatherApiクラスを作成する

新しいクラスWeatherApiを追加します。

次の図のように［Project View］の［io.keiji.weatherforecasts］にカーソルを合わせて、右クリック→［New］→［Java Class］をクリックします。

［Name］には、新しく追加するクラス名（WeatherApi）を入力して［OK］をクリックします。

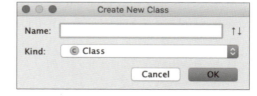

天気情報を取得する

インターネットを通じて天気情報を取得する処理をプログラミングします。作成したWeatherApi.javaを、**リスト6-2**のように変更します。

○リスト6-2：WeatherApi.java

```
  package io.keiji.weatherforecasts;
+ import java.io.BufferedReader;
+ import java.io.IOException;
+ import java.io.InputStreamReader;
+ import java.net.HttpURLConnection;
+ import java.net.URL;
  public class WeatherApi {
+     private static final String API_ENDPOINT
+             = "http://weather.livedoor.com/forecast/webservice/json/v1?city=";
+     public static String getWeather(String cityId) throws IOException {
+         URL uri = new URL(API_ENDPOINT + cityId);
+         HttpURLConnection connection = (HttpURLConnection) uri.openConnection();
+         StringBuilder sb = new StringBuilder();
+         try {
+             BufferedReader br = new BufferedReader(
+                     new InputStreamReader(connection.getInputStream()));
+             String line;
+             while ((line = br.readLine()) != null) {
+                 sb.append(line);
+             }
+         } finally {
+             connection.disconnect();
+         }
+         return sb.toString();
+     }
  }
```

取得した天気情報を表示する

取得した天気情報を画面に表示します。activity_main.xmlを**リスト6-3**のように変更します。

○リスト6-3：activity_main.xml

```
<?xml version="1.0" encoding="utf-8"?>
<RelativeLayout
    xmlns:android="http://schemas.android.com/apk/res/android"
    xmlns:tools="http://schemas.android.com/tools"
    android:layout_width="match_parent"
    android:layout_height="match_parent"
```

```xml
    android:paddingBottom="@dimen/activity_vertical_margin"
    android:paddingLeft="@dimen/activity_horizontal_margin"
    android:paddingRight="@dimen/activity_horizontal_margin"
    android:paddingTop="@dimen/activity_vertical_margin"
    tools:context=".MainActivity">

    <TextView
+       android:id="@+id/tv_result"
        android:layout_width="wrap_content"
        android:layout_height="wrap_content"
        android:text="Hello World!"/>
</RelativeLayout>
```

次に、MainActivity.javaを**リスト6-4**のように変更します。

○リスト6-4：MainActivity.java

```java
+ import android.widget.TextView;
+ import android.widget.Toast;

+ import java.io.IOException;

  public class MainActivity extends AppCompatActivity {

+     private TextView result;
      @Override
      protected void onCreate(Bundle savedInstanceState) {
          super.onCreate(savedInstanceState);
          setContentView(R.layout.activity_main);

+         result = (TextView) findViewById(R.id.tv_result);    ①

+         try {
+             String data = WeatherApi.getWeather("400040");
+                                                                 ②
+             result.setText(data);
+         } catch (IOException e) {
+             Toast.makeText(getApplicationContext(),
+                 "IOException is occurred.", Toast.LENGTH_SHORT).show();
+         }
      }
  }
```

①リスト6-3で設定したID（tv_result）を指定して、TextViewのオブジェクトを取得する
②WeatherApiのgetWeatherメソッドで天気情報を取得して、結果をTextViewに表示する

実行 ここまで作成したプログラムを実行すると、アプリは起動直後に強制終了してしまいます。

次のステップで、アプリはなぜ強制終了したのか。正常に動作させるには、どうすればよいのかを見ていきましょう。

6-3 スレッドからネットワークにアクセスする

前のステップで、WetherApiクラスを使ってサーバーから情報を取得するようにプログラムしましたが、アプリを起動するとすぐに強制終了してしまいました。

原因を探るため、アプリが強制終了したときのログ（**リスト6-5**）を見てみましょう。LogCatでのログの確認方法は、コラム「エラーが起きたときは？」（86ページ）を参照してください。

○リスト6-5：例外（NetworkOnMainThreadException）が発生している

```
java.lang.RuntimeException: Unable to start activity ComponentInfo{
io.keiji.weatherforecasts/io.keiji.weatherforecasts.MainActivity}:
android.os.NetworkOnMainThreadException
    at android.app.ActivityThread.performLaunchActivity(ActivityThread.java:2416)
    at android.app.ActivityThread.handleLaunchActivity(ActivityThread.java:2476)
    at android.app.ActivityThread.-wrap11(ActivityThread.java)
    at android.app.ActivityThread$H.handleMessage(ActivityThread.java:1344)
    at android.os.Handler.dispatchMessage(Handler.java:102)
    at android.os.Looper.loop(Looper.java:148)
    at android.app.ActivityThread.main(ActivityThread.java:5417)
    at java.lang.reflect.Method.invoke(Native Method)
    at com.android.internal.os.ZygoteInit$MethodAndArgsCaller.run(ZygoteInit.java:726)
    at com.android.internal.os.ZygoteInit.main(ZygoteInit.java:616)
Caused by: android.os.NetworkOnMainThreadException
    at android.os.StrictMode$AndroidBlockGuardPolicy.onNetwork(StrictMode.java:1273)
    at java.net.InetAddress.lookupHostByName(InetAddress.java:431)
    at java.net.InetAddress.getAllByNameImpl(InetAddress.java:252)
    at java.net.InetAddress.getAllByName(InetAddress.java:215)
    at com.android.okhttp.internal.Network$1.resolveInetAddresses(Network.java:29)
    at com.android.okhttp.internal.http.RouteSelector.
    resetNextInetSocketAddress(RouteSelector.java:188)
```

```
        at com.android.okhttp.internal.http.RouteSelector.nextProxy(RouteSelector.java:157)
        at com.android.okhttp.internal.http.RouteSelector.next(RouteSelector.java:100)
        at com.android.okhttp.internal.http.HttpEngine.
           createNextConnection(HttpEngine.java:357)
        at com.android.okhttp.internal.http.HttpEngine.nextConnection(HttpEngine.java:340)
        at com.android.okhttp.internal.http.HttpEngine.connect(HttpEngine.java:330)
        at com.android.okhttp.internal.http.HttpEngine.sendRequest(HttpEngine.java:248)
        at com.android.okhttp.internal.huc.HttpURLConnectionImpl.
           execute(HttpURLConnectionImpl.java:433)
        at com.android.okhttp.internal.huc.HttpURLConnectionImpl.
           getResponse(HttpURLConnectionImpl.java:384)
        at com.android.okhttp.internal.huc.HttpURLConnectionImpl.
           getInputStream(HttpURLConnectionImpl.java:231)
        at io.keiji.weatherforecasts.WeatherApi.getWeather(WeatherApi.java:24)
        at io.keiji.weatherforecasts.MainActivity.onCreate(MainActivity.java:22)
        at android.app.Activity.performCreate(Activity.java:6237)
        at android.app.Instrumentation.callActivityOnCreate(Instrumentation.java:1107)
        at android.app.ActivityThread.performLaunchActivity(ActivityThread.java:2369)
        at android.app.ActivityThread.handleLaunchActivity(ActivityThread.java:2476)
        at android.app.ActivityThread.-wrap11(ActivityThread.java)
        at android.app.ActivityThread$H.handleMessage(ActivityThread.java:1344)
        at android.os.Handler.dispatchMessage(Handler.java:102)
        at android.os.Looper.loop(Looper.java:148)
        at android.app.ActivityThread.main(ActivityThread.java:5417)
        at java.lang.reflect.Method.invoke(Native Method)
        at com.android.internal.os.ZygoteInit$MethodAndArgsCaller.run(ZygoteInit.java:726)
        at com.android.internal.os.ZygoteInit.main(ZygoteInit.java:616)
```

例外 android.os.NetworkOnMainThreadExceptionが発生して、アプリが停止したことがわかります。実は、Androidにはネットワーク通信はメインスレッドで実行してはいけないという規則があります。前のプログラムは、この規則を破ることになるので、エラーが発生していたのです。

別スレッドで処理する

ネットワークと通信するときにサブスレッドを開始して、そのうえでネットワーク通信を行います。MainActivity.javaを**リスト6-6**のように変更します。

○リスト6-6：MainActivity.java

```
public class MainActivity extends AppCompatActivity {

    private TextView result;

    @Override
    protected void onCreate(Bundle savedInstanceState) {
        super.onCreate(savedInstanceState);
        setContentView(R.layout.activity_main);

        result = (TextView) findViewById(R.id.tv_result);

        try {
            String data = WeatherApi.getWeather("400040");
```

```
-                result.setText(data);
-            } catch (IOException e) {
-                Toast.makeText(getApplicationContext(),
-                    "IOException is occurred.", Toast.LENGTH_SHORT).show();
-            }
+        Thread subThread = new Thread() {    ①
+            @Override
+            public void run() {
+                try {
+                    String data = WeatherApi.getWeather("400040");
+                    result.setText(data);
+                } catch (IOException e) {
+                    Toast.makeText(getApplicationContext(), "IOException is occurred.",
+                            Toast.LENGTH_SHORT).show();
+                }
+            }
+        };
+        subThread.start();    ②
    }
}
```

①スレッドを作成している。各スレッドの処理は独立していて並列で実行できる
②startメソッドでスレッドを開始している

実行 またしてもアプリは、起動直後に強制終了してしまいます。

次に、Androidアプリ開発する際に非常に重要なもう1つの規則について解説します。

6-4 スレッドからUIを変更する

前のステップで、サブスレッドでサーバーから取得した情報を画面に表示するようにプログラムしました。しかし、アプリを起動するとやはり強制終了してしまいました。

原因を探るため、再び強制終了したときのログ（リスト6-7）を見てみましょう。

○リスト6-7：例外（CalledFromWrongThreadException）が発生している

```
FATAL EXCEPTION: Thread-2047
Process: io.keiji.weatherforecasts, PID: 9468
android.view.ViewRootImpl$CalledFromWrongThreadException:
Only the original thread that created a view hierarchy can touch its views.
    at android.view.ViewRootImpl.checkThread(ViewRootImpl.java:6556)
    at android.view.ViewRootImpl.requestLayout(ViewRootImpl.java:907)
    at android.view.View.requestLayout(View.java:18722)
    at android.view.View.requestLayout(View.java:18722)
    at android.view.View.requestLayout(View.java:18722)
    at android.view.View.requestLayout(View.java:18722)
    at android.view.View.requestLayout(View.java:18722)
    at android.view.View.requestLayout(View.java:18722)
    at android.widget.RelativeLayout.requestLayout(RelativeLayout.java:360)
    at android.view.View.requestLayout(View.java:18722)
    at android.widget.TextView.checkForRelayout(TextView.java:7172)
    at android.widget.TextView.setText(TextView.java:4342)
    at android.widget.TextView.setText(TextView.java:4199)
    at android.widget.TextView.setText(TextView.java:4174)
    at io.keiji.weatherforecasts.MainActivity$1.run(MainActivity.java:26)
```

例外 CalledFromWrongThreadExceptionが発生して、アプリが停止したことがわかります。これは、Viewが誤ったスレッドから操作されたときに発生する例外です。

Androidには「ネットワーク通信はメインスレッドで実行してはいけない」という規則と、「UIの変更はメインスレッド以外から実行してはいけない」という2つの規則があるのです。

前のプログラムはネットワーク通信はサブスレッドで実行していましたが、画面への表示もサブスレッドから実行していました。それにより2つ目の規則を破ることになったため、エラーになったのです。

ややこしくなってしまいましたが、まとめると次のようになります。

- ネットワーク通信などのように時間がかかる処理は、必ず、別のスレッドから実行しなければならない（メインスレッドから実行してはいけない）
- UIの表示に関係する処理は、必ず、メインスレッドから実行しなくてはならない（別のスレッドでは実行してはいけない）

つまり、別のスレッドでネットワーク通信を行い、その結果を表示するときはメインスレッドに連絡をする必要があります。Androidでは、サブスレッドからメインスレッドに連絡す

る仕組みとして、Handlerというクラスが用意されています。

Handlerを使って別スレッドからUIを変更する

ネットワーク通信はサブスレッドで実行したあと、UIの変更はHandlerクラスを使ってメインスレッドで実行します。MainActivity.javaを**リスト6-8**のように変更します。

○リスト6-8：MainActivity.java

```java
import android.os.Handler;

public class MainActivity extends AppCompatActivity {

    private Handler handler = new Handler();      ①

    @Override
    protected void onCreate(Bundle savedInstanceState) {
        super.onCreate(savedInstanceState);
        setContentView(R.layout.activity_main);

        result = (TextView) findViewById(R.id.tv_result);

        Thread subThread = new Thread() {
            @Override
            public void run() {
                try {
                    String data = WeatherApi.getWeather("400040");
                    final String data = WeatherApi.getWeather("400040");
                    handler.post(new Runnable() {
                        @Override
                        public void run() {                    ②
                            result.setText(data);
                        }
                    });
                } catch (IOException e) {
                    Toast.makeText(getApplicationContext(), "IOException is occurred.",
                            Toast.LENGTH_SHORT).show();
                }
            }
        };
        subThread.start();
    }
}
```

①Handlerをクラスのフィールドに追加する

②Handlerのpostメソッドに実行する処理を含めたRunnableオブジェクトを渡す。ネットワーク接続の戻り値であるdataにfinalがついているのは、Runnableの中からアクセスするため

実行 アプリを起動すると通信を開始して、取得した結果を画面に表示します。サーバーと通信できない場合、Toastと呼ばれる短いメッセージでエラーが起きたことを表示します。

COLUMN

メインスレッドとHandler

メインスレッドは、MainLoopとも呼ばれます。

Loopの名称のとおり、Androidアプリの実行中、画面の表示やボタンが押されるなどのイベントを繰り返し処理しています。onCreateやonPauseなどのActivityのライフサイクル（P.265参照）のメソッドも、すべてこのメインスレッドで処理しています。

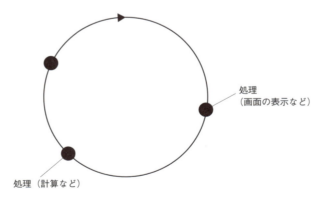

短時間で終わる計算などをメインスレッドで処理をするのは良いのですが、ネットワーク通信やディスクの読み込み、書き込みは、計算に比べて非常に長い時間が必要になります。特にネットワーク通信は、回線や通信相手の状態、通信するデータ量などにも依りますが、1秒から、長ければ10秒以上の時間かかることも珍しくありません。

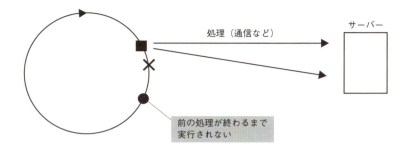

　通信をメインスレッド上で処理すると、通信が終わるまで他の処理ができません。通信処理によってメインスレッドがブロックされてしまうのです。
　そのため、ネットワーク通信やディスクアクセス、長い時間がかかる演算などの処理は、メインスレッドとは別のサブスレッドで処理する必要があります。

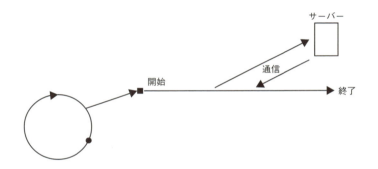

　しかしAndroidでは、UIの表示や変更は、メインスレッドからしか処理できない規則になっています。これはメインスレッド以外から非同期でUIを変更できるようにすると、変更と表示で同期が取れなくなるのを防ぐためです。

　Handlerは、他のスレッドからメインスレッドに処理を依頼する窓口になる仕組みです。Handlerに処理を入力すると、メインスレッドは適切なタイミングでその処理を実行します。メインスレッド上で処理するので、UIの表示や変更ができます。

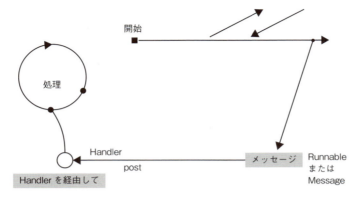

　Androidアプリ開発では、メインスレッドが実行する処理は最低限として、別スレッドで処理した内容を表示するタイミングで、メインスレッドに処理を依頼するように設計していきます。

COLUMN

エラーが起きたときは

　「エラーが表示される……」、「うまく動かない……」。そんなときは慌てず、まずはポイントを押さえて、問題がどこにあるのかを切り分けていきましょう。原因を特定せずに当てずっぽうでプログラムの変更を続けても問題が解決しないばかりか、正常な部分のプログラムまで壊してしまうこともあるので注意が必要です。

エラーの内容は？

　Androidアプリ開発のエラーは、大きく2つに分けることができます。

　1つは、プログラムがビルドできていない「ビルドエラー」。もう1つは、プログラムはビルドできているが、アプリの実行中に不具合が発生して強制終了してしまう「実行時エラー」です。

　ビルドエラーとは、開発しているAndroidアプリのプログラムやリソースをインストールできる形式に変換する過程でエラーが発生している状態を言います。ビルドエラーが発生するとAndroid Studioの画面にエラーが表示され、エラーの原因が修正されるまで開発中のアプリを実行することはできなくなります。ビルドエラーは、プログラムの文法が間違っていたり、レイアウトファイルの形式が間違っているときに発生します。ビルドエラーが発生した場合、エラーの表示が出ている箇所を調べて、エラーを解消することで再びビルドができるようになります。

　一方「実行時エラー」は、Android Studioでのビルドは正常にできていて、Androidデバイスやエミュレーターで動作する過程で、エラーが発生している状態を言います。実行時エラーが発生すると、Androidアプリを実行しているデバイスやエミュレーターの画面に

「問題が発生しました」というメッセージが表示されてアプリが強制終了します。実行時エラーは、プログラムしたデータの取り扱い方を間違っていたり、Androidアプリ開発の約束事を破ったりすることで発生します。

例えば、数字を入力することを想定している場所にユーザーが誤ってアルファベットを入力する可能性があります。プログラムをするときに考慮していないと、その箇所で例外が発生して、アプリは強制終了してしまう場合があります。また、アプリからネットワーク通信をする場合、Androidでは、そのアプリがネットワーク通信をすることを明示するパーミッションを設定しておく必要がありますが、このパーミッションの設定を忘れてしまうと、通信処理で強制終了してしまいます。

ビルドエラーと違って、実行時エラーの原因は多岐にわたり、修正も難しいものです。

実行時エラーが起きたときに素早く原因を究明して、修正できるよう、Androidには発生したエラーの内容をログとして出力する機能が備わっています。

Androidが出力するログは、Android StudioのLogCatから読み取ることができます。

▶ Android MonitorとLogCat

LogCatは、Androidが出力するログを読み取るツールです。アプリの実行状況を把握したり、実行時エラーの原因究明に欠かせないものです。

初期状態では、Android Studioの下側にあるAndroid Monitorの中に表示されています。もし画面にAndroid Monitorが表示されていない場合は、Commandキー（Windowsの場合はAltキー）を押しながら数字の6を押すと表示されます。

LogCatに表示される情報は、次のとおりです。

・発生日時
・出力元のアプリ
・レベル
・タグ
・内容

ログは重要度に応じてレベルがあり、重要度の低いものからVerbose/Debug/Info/Warn/Errorと並びます。設定することで、一定の重要度より上のログだけ表示することもできます。

LogCatを使ったエラーの原因究明

エラーが起こったとき、Androidの画面には「問題が発生したため」としか表示されません。これでは何が原因かわかりませんね。

そんなときはまず開発しているPCに端末を繋いで、LogCatに表示するログレベルをErrorに限定します。

次に、そのままではエラーのログが表示されない場合があるので右側のフィルター設定を無効（No Filters）に切り替えます。すると、先ほど発生したエラーのログ（**リスト6-A**）が表示されます。

○リスト6-A：先ほど発生したエラーのログ

```
09-19 01:55:47.024  32744-317/io.keiji.shooting E/AndroidRuntime:
FATAL EXCEPTION: Thread-556
    Process: io.keiji.shooting, PID: 32744
    java.lang.ArithmeticException: divide by zero
        at io.keiji.shooting.Droid.<init>(Droid.java:19)
        at io.keiji.shooting.GameView.drawObject(GameView.java:79)
        at io.keiji.shooting.GameView.access$200(GameView.java:19)
        at io.keiji.shooting.GameView$DrawThread.run(GameView.java:212)
```

ここにある "java.lang.ArithmeticException: divide by zero" が、発生したエラーの具体的な内容です。例外ArithmeticExceptionが発生しています。"divide by zero" とあるので、数字を0で除算した際に起きるエラーであることがわかります。さらに、このエラーがDroid.javaというファイルの19行目で発生したことまでわかります。

ここまでわかれば、あとはこの行の処理を確認して、0で除算する可能性がないか、0の除算をどのように回避するかを検討すればよいのです。

実行時エラーが発生したときには「うまくいかない」と悩むのではなく、具体的にどこで、どのようなエラーが発生しているのか、LogCatを見て把握するようにしましょう。

6-5 AsyncTaskを使った非同期処理を実装する

前のステップで、サブスレッドでネットワークを通じて取得した情報を、Handlerを使ってUIに表示しました。

このようにネットワーク通信やファイルの読み書きなど、時間がかかる処理は別のスレッドで並列（非同期）に処理して、結果だけをHandlerを使って画面に反映するのがAndroidアプリ開発の大原則です。

Handler

Handlerは、Androidアプリ開発で非同期処理をするうえで、もっとも基本的な仕組みです。反面、Handlerを使うとプログラムが複雑になりやすいという欠点があります。

実は**リスト6-8**のプログラムは例外IOExceptionが発生したときにToastを表示するはずなのですが、実際にはアプリが強制終了します。これはToastの表示も「UIの変更」にあたるので、Handlerを使って実行する必要があるためです。

例外が発生しても強制終了しないように変更したプログラムが**リスト6-9**になります。通信結果の画面表示と例外が発生したときのToast表示。2ヵ所にpostメソッドを使用していて、プログラムが読みづらくなっています。

○リスト6-9：MainActivity.java

```
            try {
                final String data = WeatherApi.getWeather("400040");
                handler.post(new Runnable() {
                    @Override
                    public void run() {
                        result.setText(data);
                    }
                });
            } catch (IOException e) {
-               Toast.makeText(getApplicationContext(), "IOException is occurred.",
-                       Toast.LENGTH_SHORT).show();
+               handler.post(new Runnable() {
+                   @Override
+                   public void run() {
+                       Toast.makeText(getApplicationContext(), "IOException is occurred.",
+                               Toast.LENGTH_SHORT).show();
+                   }
+               });
            }
        }
    };
    subThread.start();
}
```

どちらも1、2行の処理を実行するために、プログラムのインデント（字下げ）が深くなっています。今回のようにネットワーク通信と結果の表示のようなアプリで何度も使う処理は、

AsyncTaskを使うとすっきり読みやすくなります。

AsyncTaskを作成する

新しいクラス GetWeatherForecastTask を作成して、**リスト6-10**のようにプログラムします。

◯リスト6-10：GetWeatherForecastTask.java

```
  package io.keiji.weatherforecasts;

+ import android.os.AsyncTask;
+ import java.io.IOException;
- public class GetWeatherForecastTask {
+ public class GetWeatherForecastTask extends AsyncTask<String, Void, String> {    ①

+     Exception exception;

+     @Override
+     protected String doInBackground(String... params) {

+         try {
+             return WeatherApi.getWeather(params[0]);    ②
+         } catch (IOException e) {
+             exception = e;                              ③
+         }
+         return null;
+     }
  }
```

① AsyncTask クラスを継承する
② doInBackgroundメソッドの中でWeatherApi.getWeatherメソッドを実行して結果を返す
③ 例外IOExceptionが発生した場合は変数（フィールド）exceptionに格納する

▶ GetWeatherForecastTask で非同期処理を実行する

MainActivity.javaを**リスト6-11**のように変更します。サブスレッド関係の記述はすべて削除して、新しくAsyncTaskを使った処理に置き換えます。

◯リスト6-11：MainActivity.java

```
  public class MainActivity extends AppCompatActivity {

-     private Handler handler = new Handler();

+     public class ApiTask extends GetWeatherForecastTask {    ①
+         @Override
+         protected void onPostExecute(String data) {
+             super.onPostExecute(data);                       ②
```

```java
+                if (data != null) {
+                    result.setText(data);
+                } else if (exception != null) {
+                    Toast.makeText(getApplicationContext(), exception.getMessage(),
+                            Toast.LENGTH_SHORT).show();
+                }
+            }
+        }
+    }

    private TextView result;

    @Override
    protected void onCreate(Bundle savedInstanceState) {
        super.onCreate(savedInstanceState);
        setContentView(R.layout.activity_main);

        result = (TextView) findViewById(R.id.tv_result);

-       Thread subThread = new Thread() {
-           @Override
-           public void run() {
-               try {
-                   final String data = WeatherApi.getWeather("400040");
-                   handler.post(new Runnable() {
-                       @Override
-                       public void run() {
-                           result.setText(data);
-                       }
-                   });
-               } catch (IOException e) {
-                   handler.post(new Runnable() {
-                       @Override
-                       public void run() {
-                           Toast.makeText(getApplicationContext(),
-                                   "IOException is occurred.",
-                                   Toast.LENGTH_SHORT).show();
-                       }
-                   });
-               }
-           }
-       };
-       subThread.start();
+       new ApiTask().execute("400040");      ③
    }
}
```

① GetWeatherForecastTaskクラスを継承する

② onPostExecuteメソッドで画面へ表示する。onPostExecuteは自動的にメインスレッドで実行される。引数dataにはGetWeatherForecastTaskのdoInBackgroundメソッドで取得した天気の情報が入る

③ TaskApiクラスのexecuteメソッドを実行する。executeメソッドの引数には天気予報を取得したい都市ID（cityId）を指定する

アプリを起動すると通信を開始して、取得した結果を画面に表示します。サーバーと通信できない場合、Toastでエラーが起きたことを表示します。Toastの表示で強制終了はしません。

　実行結果は前のステップから変わりませんが、HandlerではなくAsyncTaskクラスを使って非同期処理をしています。

6-6 JSONをオブジェクトに変換する

　少し寄り道をしてしまいましたが、いよいよサーバーから取得したデータを画面に表示するためにプログラムをしていきます。
　サーバーから取得したデータ（先ほどの実行結果）を見てみましょう。一見して天気予報には見えませんね。これは、JSON（JavaScript Object Notation）と呼ばれるフォーマットで記述されたデータです。
　通常、Webブラウザで見るサイトはHTML（HyperText Markup Language）というフォーマットで配信されています。一方、Web APIではXML（Extensible Markup Language）や、JSONフォーマットで配信されるのが一般的です[注3]。取得した情報を画面に表示するには、これらのデータの中から必要な情報を抜き出す必要があります。

WeatherForecastクラスを作成する

　JSONデータから天気予報の情報を取得するクラスを作成します。新しいクラスWeatherForecastを作成して、リスト6-12のようにプログラムします。「お天気Webサービスの仕様[注4]」にまとめられているJSONデータの構造を元に、それぞれの値を読み込みます。

[注3] 本書で利用する「お天気WebサービスAPI」は、XMLとJSONのフォーマットで情報を配信しています。今回はJSONフォーマットでデータを取得します。

[注4] お天気Webサービス仕様：http://weather.livedoor.com/weather_hacks/webservice

◯リスト6-12：WeatherForecast.java

```java
package io.keiji.weatherforecasts;

import org.json.JSONArray;
import org.json.JSONException;
import org.json.JSONObject;
import java.util.ArrayList;
import java.util.List;

public class WeatherForecast {

    public final Location location;
    public final List<Forecast> forecastList = new ArrayList<Forecast>();

    public WeatherForecast(JSONObject jsonObject) throws JSONException {

        JSONObject locationObject = jsonObject.getJSONObject("location");
        location = new Location(locationObject);

        JSONArray forecastArray = jsonObject.getJSONArray("forecasts");

        int len = forecastArray.length();
        for (int i = 0; i < len; i++) {
            JSONObject forecastJson = forecastArray.getJSONObject(i);
            Forecast forecast = new Forecast(forecastJson);
            forecastList.add(forecast);
        }
    }

    public static class Location {
        public final String area;
        public final String prefecture;
        public final String city;

        public Location(JSONObject jsonObject) throws JSONException {
            area = jsonObject.getString("area");
            prefecture = jsonObject.getString("prefecture");
            city = jsonObject.getString("city");
        }
    }

    public static class Forecast {
        public final String date;
        public final String dateLabel;
        public final String telop;
        public final Image image;
        public final Temperature temperature;

        public Forecast(JSONObject jsonObject) throws JSONException {
            date = jsonObject.getString("date");
            dateLabel = jsonObject.getString("dateLabel");
            telop = jsonObject.getString("telop");
            image = new Image(jsonObject.getJSONObject("image"));
            temperature = new Temperature(jsonObject.getJSONObject("temperature"));
        }
```

```java
        public static class Image {
            public final String title;
            public final String link;
            public final String url;
            public final int width;
            public final int height;

            public Image(JSONObject jsonObject) throws JSONException {
                title = jsonObject.getString("title");
                if (jsonObject.has("link")) {
                    link = jsonObject.getString("link");
                } else {
                    link = null;
                }
                url = jsonObject.getString("url");
                width = jsonObject.getInt("width");
                height = jsonObject.getInt("height");
            }
        }

        public static class Temperature {
            public final Value min;
            public final Value max;

            public Temperature(JSONObject jsonObject) throws JSONException {
                if (!jsonObject.isNull("min")) {
                    min = new Value(jsonObject.getJSONObject("min"));
                } else {
                    min = new Value(null);
                }
                if (!jsonObject.isNull("max")) {
                    max = new Value(jsonObject.getJSONObject("max"));
                } else {
                    max = new Value(null);
                }
            }
        }

        public static class Value {
            public final String celsius;
            public final String fahrenheit;

            public Value(JSONObject jsonObject) throws JSONException {
                if (jsonObject == null) {
                    celsius = null;
                    fahrenheit = null;
                    return;
                }
                celsius = jsonObject.getString("celsius");
                fahrenheit = jsonObject.getString("fahrenheit");
            }
        }
    }
}
```

取得したデータをWeatherForecastで処理する

これまではサーバーから取得したデータをそのまま文字列として返していました。これをWeatherForecastとのオブジェクトに変換して返します。WeatherApi.javaを**リスト6-13**のように変更します。

○リスト6-13：WeatherApi.java

```
+   import org.json.JSONException;
+   import org.json.JSONObject;
    public class WeatherApi {
-       public static String getWeather(String cityId) {
+       public static WeatherForecast getWeather(String cityId)    ①
+               throws IOException, JSONException {
            // 省略
-           return sb.toString();
+           return new WeatherForecast(new JSONObject(sb.toString()));   ②
        }
    }
```

①getWeatherメソッドの戻り値の型をStringからWeatherForecastに変更する
②JSON形式のデータをWeatherForecastのオブジェクトから読み込む

WeatherForecastオブジェクトのデータを表示する

WeatherForecastオブジェクトが含むデータを画面に表示します。まず、GetWeatherForecastTaskを**リスト6-14**のように変更します。

○リスト6-14：GetWeatherForecastTask.java

```
+   import org.json.JSONException;
-   public class GetWeatherForecastTask extends AsyncTask<String, Void, String> {
+   public class GetWeatherForecastTask extends AsyncTask<String, Void, WeatherForecast> {   ①
        Exception exception;

        @Override
-       protected String doInBackground(String... params) {
+       protected WeatherForecast doInBackground(String... params) {   ②
            try {
                return WeatherApi.getWeather(params[0]);
-           } catch (IOException e) {
+           } catch (IOException | JSONException e) {
                exception = e;
            }
            return null;
        }
    }
```

①継承するAsyncTaskの型引数の3番目をStringからWeatherForecastに変更する
②doInBackgroundの戻り値の型をWeatherForecastに変更する

次にMainActivityを**リスト6-15**のように変更します。

○リスト6-15：MainActivity.java

```
public class MainActivity extends AppCompatActivity {

    private TextView result;

    public class ApiTask extends GetWeatherForecastTask {
        @Override
-       protected void onPostExecute(String data) {
+       protected void onPostExecute(WeatherForecast data) {      ①
            super.onPostExecute(data);

            if (data != null) {
-               result.setText(data);
+               result.setText(data.location.area + " "
+                       + data.location.prefecture + " "
+                       + data.location.city);
+
+               for (WeatherForecast.Forecast forecast : data.forecastList) {
                    // Windowsの場合は「¥」、MacやLinuxの場合は「/」を入力
+                   result.append("¥n");                                              ②
+                   result.append(forecast.dateLabel + " " + forecast.telop);
+               }
            } else if (exception != null) {
                Toast.makeText(getApplicationContext(), exception.getMessage(),
                    Toast.LENGTH_SHORT).show();
            }
        }
    }
}
```

①継承しているクラスGetWeatherForecastTaskの変更に伴い、onPostExecuteの引数の型をStringからWeatherForecastに変更する
②WeatherForecastが含む情報をまとめて表示する

実行 天気予報の情報が、画面に表示されます。

Web APIから取得したJSONフォーマットで記述されたデータから必要な情報を抜き出して画面に表示できました。

なお、表示される天気予報の情報は、情報を取得する日時によって異なります。アプリを実行する（情報を取得する）時間帯によっては、明後日の天気は表示されない場合があります。

6-7 天気情報を表示する

前のステップで、Web APIから取得したデータから必要な情報を取り出して画面に表示することができました。しかし、前回の表示は、情報を文字列として表示していただけでした。

このステップでは、画像も含めてさまざまな情報を同時に表示します。

予報画像の取得と表示

WebAPIから取得する天気予報には、晴れ・雨などの予報画像が含まれています。予報画像は、Web上のアドレス（URL）の状態で提供されます。

画像を表示するには、まず画像の読み込み（ダウンロード）をしなくてはなりません。ここで思い出してもらいたいのが、Androidでは、ネットワークを通じた通信は、別スレッドから実行しなくてはならないと言うことです。

そこでまず画像をダウンロードするためのAsyncTaskを作成します。新しいクラスImageLoaderTaskを作成して、**リスト6-16**のようにプログラムします。

○リスト6-16：ImageLoaderTask.java

```
  package io.keiji.weatherforecasts;

+ import android.graphics.Bitmap;
+ import android.graphics.BitmapFactory;
+ import android.os.AsyncTask;
+ import android.widget.ImageView;

+ import java.io.IOException;
+ import java.net.HttpURLConnection;
+ import java.net.URL;

- public class ImageLoaderTask {
+ public class ImageLoaderTask
+         extends AsyncTask<ImageLoaderTask.Request,         ─┐①
+                 Void, ImageLoaderTask.Result> {             ─┘

+     public static class Request {                           ─┐
+         public final ImageView imageView;                    │
+         public final String url;                             │
+                                                              │②
+         public Request(ImageView imageView, String url) {    │
+             this.imageView = imageView;                      │
+             this.url = url;                                  │
+         }                                                    │
+     }                                                       ─┘
```

```java
    public static class Result {
        public final ImageView imageView;
        public final Bitmap bitmap;
        public final Exception exception;

        public Result(ImageView imageView, Bitmap bitmap) {
            this.imageView = imageView;
            this.bitmap = bitmap;
            this.exception = null;
        }

        public Result(ImageView imageView, Exception exception) {
            this.imageView = imageView;
            this.bitmap = null;
            this.exception = exception;
        }
    }

    @Override
    protected Result doInBackground(Request... params) {
        Request request = params[0];
        Result result = null;

        HttpURLConnection connection = null;

        try {
            URL url = new URL(request.url);
            connection = (HttpURLConnection) url.openConnection();

            Bitmap bitmap = BitmapFactory.decodeStream(connection.getInputStream());

            result = new Result(request.imageView, bitmap);
        } catch (IOException e) {
            result = new Result(request.imageView, e);
        } finally {
            if (connection != null) {
                connection.disconnect();
            }
        }

        return result;
    }

    @Override
    protected void onPostExecute(Result result) {
        super.onPostExecute(result);

        if (result.bitmap != null) {
            result.imageView.setImageBitmap(result.bitmap);
        }
    }
}
```

① AsyncTaskを継承する。AsyncTaskの引数と戻り値に相当する型引数の1番目と3番目それぞれに、入れ子のクラス「RequestとResult」を指定する

② AsyncTaskにダウンロードする画像のURLと表示したいImageViewを指定するクラス

③ AsyncTaskの実行後に、ダウンロードした画像と表示するImageViewの2つの情報を
onPostExecuteに返すためのクラス
④ バックグラウンドでURLが示す画像をダウンロードする

表示用レイアウトを変更する

天気予報を表示するレイアウトを変更します。activity_main.xmlを**リスト6-17**のように変更します。

○ リスト6-17：activity_main.xml

```diff
 <?xml version="1.0" encoding="utf-8"?>
 <RelativeLayout
     xmlns:android="http://schemas.android.com/apk/res/android"
     xmlns:tools="http://schemas.android.com/tools"
     android:layout_width="match_parent"
     android:layout_height="match_parent"
     android:paddingBottom="@dimen/activity_vertical_margin"
     android:paddingLeft="@dimen/activity_horizontal_margin"
     android:paddingRight="@dimen/activity_horizontal_margin"
     android:paddingTop="@dimen/activity_vertical_margin"
     tools:context=".MainActivity">

     <TextView
-        android:id="@+id/tv_result"
+        android:id="@+id/tv_location"         ①
         android:layout_width="wrap_content"
         android:layout_height="wrap_content"
-        android:text="Hello World!" />
+        />
+
+    <LinearLayout
+        android:id="@+id/ll_forecasts"
+        android:layout_width="match_parent"         ②
+        android:layout_height="wrap_content"
+        android:layout_below="@id/tv_location"
+        android:orientation="vertical">
+    </LinearLayout>

 </RelativeLayout>
```

① TextViewのidを変更する（表示する内容とidの意味を合わせるほうがよいため）
② 予測情報の表示用として、空のLinearLayoutを追加する。実際の表示はプログラムから行う

予報の表示用レイアウトを追加する

次に、予報の1行分の表示用レイアウトとして、新しいレイアウトファイルforecast_row.xmlを作成します。［Project View］のres/layoutフォルダにカーソルを合わせて右クリック→［New］→［Layout resource file］をクリックします。

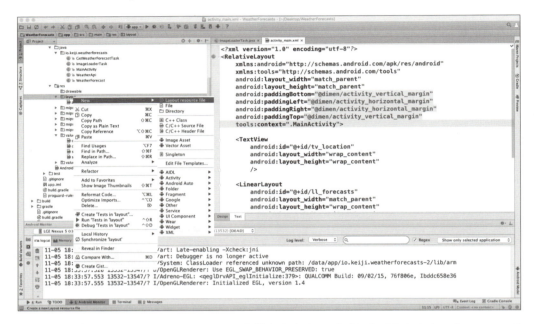

新しく追加するレイアウトファイルの名前を入力する画面が表示されたら、［File name］に"forecast_row"、［Root element］に"RelativeLayout"と入力して［OK］をクリックします。

予報の表示レイアウトを入力する

作成したレイアウトファイルforecast_row.xmlを**リスト6-18**のように入力します。画像を表示するImageViewと3つのTextViewを追加します。

○リスト6-18：forecast_row.xml

```
<?xml version="1.0" encoding="utf-8"?>
<RelativeLayout xmlns:android="http://schemas.android.com/apk/res/android"
                android:layout_width="match_parent"
                android:layout_height="match_parent">

    <TextView
        android:id="@+id/tv_date"
        android:layout_width="wrap_content"
        android:layout_height="wrap_content"/>
```
①

```
+        <ImageView
+            android:id="@+id/iv_weather"
+            android:layout_width="wrap_content"
+            android:layout_height="wrap_content"
+            android:layout_toRightOf="@id/tv_date"/>

+        <TextView
+            android:id="@+id/tv_telop"
+            android:layout_width="wrap_content"
+            android:layout_height="wrap_content"
+            android:layout_alignTop="@id/iv_weather"
+            android:layout_toRightOf="@id/iv_weather"/>
+        <TextView
+            android:id="@+id/tv_temperature"
+            android:layout_width="wrap_content"
+            android:layout_height="wrap_content"
+            android:layout_below="@id/tv_telop"
+            android:layout_toRightOf="@id/iv_weather"/>
</RelativeLayout>
```

①tv_dateのTextViewは、位置の指定をしていないので左上に配置される
②iv_weatherのImageViewは、tv_dateの右側（toRightOf）に配置される
③tv_telopのTextViewは、iv_weatherの右側（toRightOf）、上端（alignTop）に表示される
④tv_temperatureのTextViewは、iv_weatherの右側（toRightOf）、tv_telopの下（below）に表示される

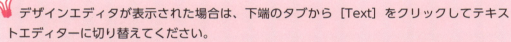

デザインエディタが表示された場合は、下端のタブから［Text］をクリックしてテキストエディターに切り替えてください。

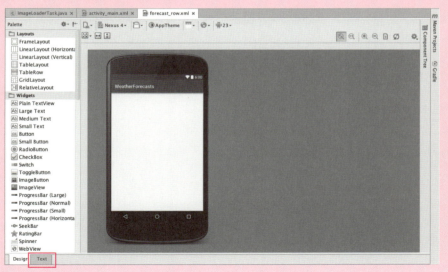

予報をレイアウトに表示する

WeatherForecast.javaのTemperatureクラスを**リスト6-19**のように変更します。

○リスト6-19：WeatherForecast.java

```
    public static class Temperature {
        public final Value min;
        public final Value max;

        // 省略

+       @Override
+       public String toString() {
+           StringBuffer sb = new StringBuffer();
+
+           // 最低気温 / 最高気温
+           if (min.celsius != null) {
+               sb.append(min.celsius);
+           } else {
+               sb.append(" - ");
+           }
+           sb.append("℃ / ");
+
+           if (max.celsius != null) {
+               sb.append(max.celsius);
+           } else {
+               sb.append(" - ");
+           }
+           sb.append("℃");
+
+           return sb.toString();
+       }

    public static class Value {
```

次にMainActivity.javaを**リスト6-20**のように変更します。

○リスト6-20：MainActivity.java

```
+   import android.view.View;
+   import android.widget.ImageView;
+   import android.widget.LinearLayout;
    public class MainActivity extends AppCompatActivity {
-       private TextView result;
+       private TextView location;                    ①
+       private LinearLayout forecastsLayout;         ②

        public class ApiTask extends GetWeatherForecastTask {
            @Override
            protected void onPostExecute(WeatherForecast data) {
                super.onPostExecute(data);
```

```java
                    if (data != null) {
-                       result.setText(data.location.area + " "
-                               + data.location.prefecture + " "
-                               + data.location.city);
+                       location.setText(data.location.area + " "
+                               + data.location.prefecture + " "
+                               + data.location.city);
                        for (WeatherForecast.Forecast forecast : data.forecastList) {
-                           // Windowsの場合は「¥」、MacやLinuxの場合は「/」を入力
-                           result.append("¥n");
-                           result.append(forecast.dateLabel + " " + forecast.telop);
+                           View row =
+                                   View.inflate(MainActivity.this, R.layout.forecast_row, null);
+                           TextView date = (TextView) row.findViewById(R.id.tv_date);
+                           date.setText(forecast.dateLabel);
+                           TextView telop = (TextView) row.findViewById(R.id.tv_telop);
+                           telop.setText(forecast.telop);
+                           TextView temperature =
+                                   (TextView) row.findViewById(R.id.tv_temperature);
+                           temperature.setText(forecast.temperature.toString());
+                           ImageView image = (ImageView) row.findViewById(R.id.iv_weather);
+                           ImageLoaderTask task = new ImageLoaderTask();
+                           task.execute(new ImageLoaderTask.Request(
+                                   image, forecast.image.url));
+                           forecastsLayout.addView(row);
                        }
                    } else if (exception != null) {
                        Toast.makeText(getApplicationContext(), exception.getMessage(),
                                Toast.LENGTH_SHORT).show();
                    }
                }
            }
            @Override
            protected void onCreate(Bundle savedInstanceState) {
                super.onCreate(savedInstanceState);
                setContentView(R.layout.activity_main);
-               result = (TextView) findViewById(R.id.tv_result);
+               location = (TextView) findViewById(R.id.tv_location);
+               forecastsLayout = (LinearLayout) findViewById(R.id.ll_forecasts);

                new ApiTask().execute("400040");
            }
        }
```

① TextViewのIDの変更に合わせて、フィールド名をresultからlocationに変更する
② 予報を表示するレイアウトforecastLayoutのフィールドを追加する
③ WeatherForecastに含まれる予報1件（1日分）につき、forecast_rowのレイアウトを生成して、表示内容を設定する
④ 予報画像はImageLoaderTaskで読み込み（ダウンロード）と表示を行う

実行 天気予報（予報日と内容）と天気画像を取得（ダウンロードして）表示します。

6-8 レイアウトの見栄えを調整する

　前のステップでは個々の表示内容をレイアウトしましたが、文字や画像の大きさ、デザインのバランスはまったく変更していません。
　このステップでレイアウトを調整して、表示する天気予報の見栄えを調整します。まず、activity_main.xmlを**リスト6-21**のように変更します。

○リスト6-21：activity_main.xml

```
    <TextView
        android:id="@+id/tv_location"
        android:layout_width="wrap_content"
        android:layout_height="wrap_content"
+       android:textSize="25sp"           ①
        />

    <LinearLayout
        android:id="@+id/ll_forecasts"
        android:layout_width="match_parent"
        android:layout_height="wrap_content"
        android:layout_below="@id/tv_location"
+       android:layout_marginTop="16dp"   ②
        android:orientation="vertical">
    </LinearLayout>
```

①予報地点のテキストサイズを25spに設定する。spはScale-independent Pixelsの略で、表示するAndroidデバイスのディスプレイやユーザーのフォントサイズ設定に応じて大きさが自動調整される

② 上にマージンを16dpに設定する。dpはDensity-independent Pixelsの略で、表示する
Androidデバイスのディスプレイに応じて大きさ自動調整される。spと異なり、dpは自動
調整の際にユーザーのフォントサイズ設定を考慮しない

次に、forecast_row.xmlを**リスト6-22**のように変更します。

◯リスト6-22：forecast_row.xml

```
    <TextView
        android:id="@+id/tv_date"
+       android:textSize="20sp"          ①
        android:layout_width="wrap_content"
        android:layout_height="wrap_content"/>

    <ImageView
        android:id="@+id/iv_weather"
        android:layout_width="wrap_content"
        android:layout_height="wrap_content"
+       android:layout_margin="8dp"
+       android:minHeight="80dp"         ②
+       android:minWidth="80dp"
        android:layout_toRightOf="@id/tv_date"/>

    <TextView
        android:id="@+id/tv_telop"
        android:layout_width="wrap_content"
        android:layout_height="wrap_content"
        android:layout_alignTop="@id/iv_weather"
+       android:layout_marginBottom="8dp"   ③
+       android:textSize="20sp"
        android:layout_toRightOf="@id/iv_weather"/>

    <TextView
        android:id="@+id/tv_temperature"
        android:layout_width="wrap_content"
        android:layout_height="wrap_content"
+       android:textSize="20sp"          ④
        android:layout_below="@id/tv_telop"
        android:layout_toRightOf="@id/iv_weather"/>

</RelativeLayout>
```

①予報日のテキストサイズを20spに設定する
②予報画像のマージン（上下左右）をそれぞれ8dpに、最小サイズを縦横80dpに設定する
③予報のテキストサイズを20spに、下マージンを8dpに設定する
④気温のテキストサイズを16spに設定する

実 行 文字や画像の大きさと、各部品の位置が調整できました。

　デザインを変更するのにプログラムを触っていないことに注目してください。Androidアプリの開発は、表示内容の構造やデザインはレイアウトファイル側に記述し、プログラムとは分離するのがポイントです。

6-9 「読み込み中」を表示する

　Web APIから情報を取得しますが、ネットワークの速度が遅いなどの理由で情報の取得に時間がかかった場合、ユーザーは真っ白な画面を見続けることになります。読み込み中であることがわかるように、読み込み中は画面の中央に回転するProgressBarを表示しましょう。

　まず、activity_main.xmlを**リスト6-23**のように変更します。

○リスト6-23：activity_main.xml

```
        android:layout_marginTop="16dp"
        android:orientation="vertical">
    </LinearLayout>

+   <ProgressBar
+       android:id="@+id/progress"
+       android:layout_width="wrap_content"
+       android:layout_height="wrap_content"
+       android:layout_centerInParent="true"/>

</RelativeLayout>
```

①ProgressBarを追加する。レイアウトの中央（centerInParent）に配置する

次に、MainActivity.javaを**リスト6-24**のように変更します。

○リスト6-24：MainActivity.java

```java
import android.widget.ProgressBar;

public class MainActivity extends AppCompatActivity {

    private TextView location;
    private LinearLayout forecastsLayout;
    private ProgressBar progress;

    public class ApiTask extends GetWeatherForecastTask {

        @Override
        protected void onPreExecute() {
            super.onPreExecute();
            progress.setVisibility(View.VISIBLE);
        }                                              ①

        @Override
        protected void onPostExecute(WeatherForecast data) {
            super.onPostExecute(data);

            progress.setVisibility(View.GONE);    ②

            if (data != null) {
                // 省略
            } else if (exception != null) {
                Toast.makeText(getApplicationContext(), exception.getMessage(),
                    Toast.LENGTH_SHORT).show();
            }
        }
    }

    @Override
    protected void onCreate(Bundle savedInstanceState) {
        super.onCreate(savedInstanceState);
        setContentView(R.layout.activity_main);

        location = (TextView) findViewById(R.id.tv_location);
        forecastsLayout = (LinearLayout) findViewById(R.id.ll_forecasts);
        progress = (ProgressBar) findViewById(R.id.progress);

        new ApiTask().execute("400040");
    }
}
```

①オーバーライドしたonPreExecuteメソッドでProgressBarを表示する。onPreExecuteはAsyncTaskに用意されているメソッドで、doInBackgroundメソッドの前にメインスレッドで実行される

②doInBackgroundで読み込み処理が終わって実行されるonPostExecuteメソッドでProgressBarを非表示にする

実行 読み込み中は、画面の中央に回転するProgressBarを表示します。読み込みが終わるとProgressBarを消して、画面に取得した予報を表示します。

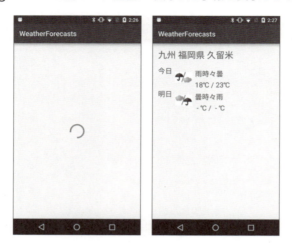

6-10 複数の天気情報を表示する

　ここまで開発してきた天気予報アプリは、1カ所の天気情報しか表示できませんでした。
　このステップでは、複数の天気情報を読み込んで表示できるように変更します。複数の天気情報を表示するにはViewPagerを使います。ViewPagerは、複数のFragmentをスワイプして切り替えできるようにする画面の部品です。Fragmentは、1つの画面を分割して扱えるようにするためのAndroidの仕組みです。

レイアウトのファイル名を変更する

　まず、activity_main.xmlをfragment_forecast.xmlに名前を変更します。［Project View］のactivity_main.xmlにカーソルを合わせて右クリック→［Refactor］→［Rename］をクリックします。

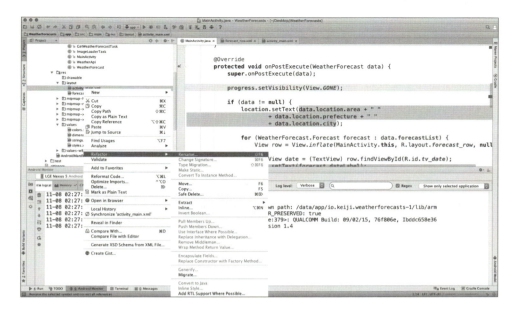

変更するファイル名に"fragment_forecast.xml"を入力して［OK］をクリックします。

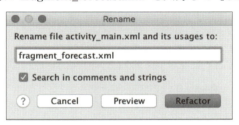

この作業はレイアウトファイルの名前を目的に合わせるために行います。絶対に必要という訳ではありませんが、後から見て、それがどんな目的のファイルなのかを誤解しないように名前と目的はできる限り合わせておきましょう。

activity_main.xmlを作成する

次に、新しくactivity_main.xmlを作成します。

ファイルを作るのが目的なので[Root Element]はLinearLayoutのままで問題ありません。作成したactivity_main.xmlを内容をすべて削除して**リスト6-25**のように変更します。

○リスト6-25：activity_main.xml

```
+   <?xml version="1.0" encoding="utf-8"?>
+   <android.support.v4.view.ViewPager
+       xmlns:android="http://schemas.android.com/apk/res/android"
+       android:id="@+id/viewpager"
+       android:layout_width="match_parent"
+       android:layout_height="match_parent"/>
```

ForecastFragmentクラスを作成する

ViewPagerに表示するFragmentを作成します。新しいクラスForecastFragmentを作成して、リスト6-26のようにプログラムします。

○リスト6-26：ForecastFragment.java

```java
package io.keiji.weatherforecasts;

import android.os.Bundle;
import android.support.annotation.Nullable;
import android.support.v4.app.Fragment;     ①
import android.view.LayoutInflater;
import android.view.View;
import android.view.ViewGroup;
import android.widget.ImageView;
import android.widget.LinearLayout;
import android.widget.ProgressBar;
import android.widget.TextView;
import android.widget.Toast;

public class ForecastFragment extends Fragment {

    private static final String KEY_CITY_CODE = "key_city_code";

    public static ForecastFragment newInstance(String cityCode) {

        ForecastFragment fragment = new ForecastFragment();

        Bundle args = new Bundle();
        args.putString(KEY_CITY_CODE, cityCode);      ②
        fragment.setArguments(args);

        return fragment;
    }

    private TextView location;
    private LinearLayout forecastsLayout;
    private ProgressBar progress;

    public class ApiTask extends GetWeatherForecastTask {
        @Override
        protected void onPreExecute() {
            super.onPreExecute();                      ③
            progress.setVisibility(View.VISIBLE);
        }

        @Override
        protected void onPostExecute(WeatherForecast data) {
            super.onPostExecute(data);

            progress.setVisibility(View.GONE);

            if (data != null) {
                location.setText(data.location.area + " "
                        + data.location.prefecture + " "
                        + data.location.city);
```

```
                    for (WeatherForecast.Forecast forecast : data.forecastList) {
                        View row = View.inflate(getContext(), R.layout.forecast_row, null);

                        TextView date = (TextView) row.findViewById(R.id.tv_date);
                        date.setText(forecast.dateLabel);

                        TextView telop = (TextView) row.findViewById(R.id.tv_telop);
                        telop.setText(forecast.telop);

                        TextView temperature =
                            (TextView) row.findViewById(R.id.tv_temperature);
                        temperature.setText(forecast.temperature.toString());

                        ImageView image = (ImageView) row.findViewById(R.id.iv_weather);

                        ImageLoaderTask task = new ImageLoaderTask();
                        task.execute(new ImageLoaderTask.Request(
                                image, forecast.image.url));

                        forecastsLayout.addView(row);
                    }
                } else if (exception != null) {
                    Toast.makeText(getContext(), exception.getMessage(),
                            Toast.LENGTH_SHORT).show();
                }
            }
        }

    @Nullable
    @Override
    public View onCreateView(LayoutInflater inflater, ViewGroup container,
                             Bundle savedInstanceState) {
        View view = inflater.inflate(R.layout.fragment_forecast, null);
        location = (TextView) view.findViewById(R.id.tv_location);
        forecastsLayout = (LinearLayout) view.findViewById(R.id.ll_forecasts);
        progress = (ProgressBar) view.findViewById(R.id.progress);

        return view;
    }

    @Override
    public void onViewCreated(View view, @Nullable Bundle savedInstanceState) {
        super.onViewCreated(view, savedInstanceState);

        String cityCode = getArguments().getString(KEY_CITY_CODE);
        new ApiTask().execute(cityCode);        ⑤
    }
}
```

①android.support.v4.app.Fragmentをimportする。同じFragmentという名前のクラスにandroid.app.Fragmentがあるので注意すること

②ForecastFragmentを生成するメソッド。cityCodeを指定することで読み込む都市コードを切り替えできる

③表示するViewと、天気予報を取得して表示するApiTaskクラスは、MainActivityの処理をそのままコピーする

④ onCreateViewメソッドで、レイアウトファイルfragment_forecastから表示するViewを生成する
⑤ 指定されたCITY_CODEを取得して天気予報を読み込む

Fragmentを表示する

作成したForecastFragmentをViewPagerで表示します。MainActivity.javaの中を削除します（リスト6-27）。

○リスト6-27：MainActivity.java

```java
package io.keiji.weatherforecasts;

import android.os.Bundle;
import android.support.v7.app.AppCompatActivity;
import android.view.View;
import android.widget.ImageView;
import android.widget.LinearLayout;
import android.widget.ProgressBar;
import android.widget.TextView;
import android.widget.Toast;

public class MainActivity extends AppCompatActivity {

    private TextView location;
    private LinearLayout forecastsLayout;
    private ProgressBar progress;

    public class ApiTask extends GetWeatherForecastTask {
        @Override
        protected void onPreExecute() {
            super.onPreExecute();
            progress.setVisibility(View.VISIBLE);
        }

        @Override
        protected void onPostExecute(WeatherForecast data) {
            super.onPostExecute(data);

            progress.setVisibility(View.GONE);

            if (data != null) {
                location.setText(data.location.area + " "
                        + data.location.prefecture + " "
                        + data.location.city);

                for (WeatherForecast.Forecast forecast : data.forecastList) {
                    View row = View.inflate(MainActivity.this, R.layout.forecast_row, null);

                    TextView date = (TextView) row.findViewById(R.id.tv_date);
                    date.setText(forecast.dateLabel);

                    TextView telop = (TextView) row.findViewById(R.id.tv_telop);
                    telop.setText(forecast.telop);
```

```
                    TextView temperature = (TextView) row.findViewById(R.id.tv_temperature);
                    temperature.setText(forecast.temperature.toString());

                    ImageView image = (ImageView) row.findViewById(R.id.iv_weather);
                    ImageLoaderTask task = new ImageLoaderTask();
                    task.execute(new ImageLoaderTask.Request(image, forecast.image.url));

                    forecastsLayout.addView(row);
                }
            } else if (exception != null) {
                Toast.makeText(getApplicationContext(), exception.getMessage(),
                        Toast.LENGTH_SHORT).show();
            }
        }
    }

    @Override
    protected void onCreate(Bundle savedInstanceState) {
        super.onCreate(savedInstanceState);
        setContentView(R.layout.activity_main);

        location = (TextView) findViewById(R.id.tv_location);
        forecastsLayout = (LinearLayout) findViewById(R.id.ll_forecasts);
        progress = (ProgressBar) findViewById(R.id.progress);

        new ApiTask().execute("400040");
    }
}
```

削除を終えたら、今度は実際にViewPagerを使った処理を**リスト6-28**のようにプログラムします。

◯リスト6-28：MainActivity.java

```
package io.keiji.weatherforecasts;

import android.os.Bundle;
import android.support.v7.app.AppCompatActivity;
import android.view.View;
import android.widget.ImageView;
import android.widget.LinearLayout;
import android.widget.ProgressBar;
import android.widget.TextView;
import android.widget.Toast;

import android.support.v4.app.Fragment;
import android.support.v4.app.FragmentManager;
import android.support.v4.app.FragmentPagerAdapter;
import android.support.v4.view.ViewPager;

import java.util.Arrays;
import java.util.List;
```

```java
public class MainActivity extends AppCompatActivity {

    private static final String[] CITY_LIST = {
            "270000",
            "130010",
            "040010",
    };

    private List<String> pointList;

    private class Adapter extends FragmentPagerAdapter {

        public Adapter(FragmentManager fm) {
            super(fm);
        }

        @Override
        public Fragment getItem(int position) {
            return ForecastFragment.newInstance(pointList.get(position));
        }

        @Override
        public int getCount() {
            return pointList.size();
        }
    }

    private Adapter adapter;
    private ViewPager viewPager;

    @Override
    protected void onCreate(Bundle savedInstanceState) {
        super.onCreate(savedInstanceState);

        if (pointList == null) {
            pointList = Arrays.asList(CITY_LIST);
        }

        setContentView(R.layout.activity_main);
        viewPager = (ViewPager) findViewById(R.id.viewpager);
        adapter = new Adapter(getSupportFragmentManager());
        viewPager.setAdapter(adapter);
    }
}
```

①表示する都市コードの配列。プログラムの中に固定で記述する
②表示する位置（position）に応じた都市コードでForecastFragmentを作成する
③ViewPagerが表示するFragmentを決めるAdapterを設定する

実行 左方向にフリックすると、画面がスクロールして2番目の地点の予報が表示されます。その後、左右にフリックすると、画面がスクロールして該当する地点の予報が表示されます。

COLUMN

Androidアプリの構成

Android Studioでアプリケーションを開発するときに操作するファイルは、大きく3つに分けることができます。

ソースコード

主にJava言語で記述したプログラムです。ActivityやServiceなど、Androidのシステムコンポーネントをはじめとして、すべてのロジックに関わる処理はプログラムが担当します。

Java言語で記述したプログラムは、プロジェクトのjavaフォルダ以下に配置します。ファイルの最後に.javaの拡張子が付いています。Javaの規格にはバージョンがあり、最新のバージョンはJava 8です。Androidは、基本的にJava 7の文法に対応しています。本書ではJava 7の文法を採用しています。

リソースファイル

Androidアプリの、プログラムを除いた素材全般がリソースファイルです。画像や音声、表示する画面のデザイン（レイアウト）ファイルは、リソースとして管理します。リソースは、プロジェクトのresフォルダ以下に配置します。

Androidには、リソースマネージャーという仕組みがあります。例えば、通常のlayoutフォルダに加えて、layout-landフォルダを作成し、それぞれに同じ名前のactivity_main.xmlというリソースを配置します。この-landの部分をリソース修飾子といいます。

アプリからレイアウトactivity_mainを読み込む場合、アプリが横画面で起動している場合はlayout-landのactivity_main.xmlを、それ以外はlayoutのlandのactivity_main.xmlを、Androidのシステムは自動的に選択します。

この仕組みを使うと、縦画面用、横画面用の画面デザインを1つのパッケージに共存させることができます。リソースマネージャーにより、Androidアプリは1つのパッケージでさまざまな種類のAndroidデバイスに対応できるのです。

設定ファイル

AndroidManifest.xmlや、build.gradleなど、アプリやアプリ開発の設定に関するファイルです。

AndroidManifest.xmlは、アプリが対応しているAndroidのバージョンや、どのような機能を使うのか（パーミッション）、アプリがどのようなコンポーネントを含んでいるかなど、基本的な情報を定義します。

build.gradleは、Androidアプリをビルドする際の設定を記述します。

Android Studioは、ビルドシステムGradleを利用してAndroidアプリを実行可能な形式に変換（ビルド）します。build.gradleに、開発するアプリケーションが依存するライブラリ、バージョンなどを記述しておくと、ビルド時に自動的に依存ライブラリを確認してダウンロードします。

COLUMN

コードアシストを使いこなす

名前の補完

Android Studioには、IntelliJ IDEA由来の強力な入力補完機能があり、クラスやメソッドの名前を途中まで入力すれば、該当する候補を一覧で表示します。

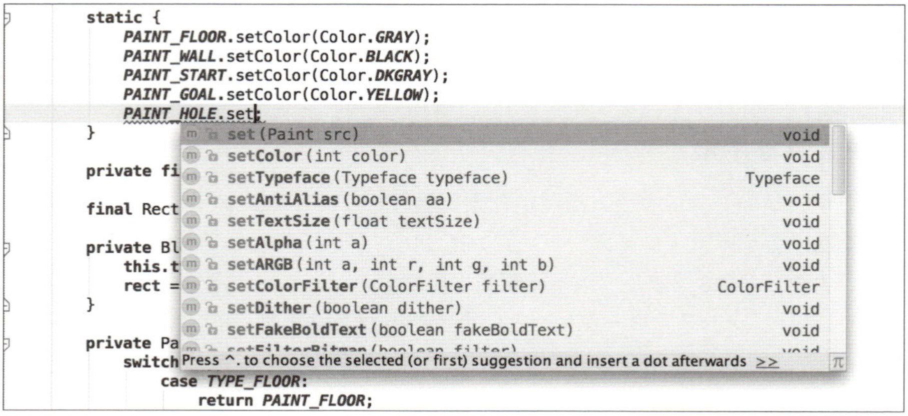

メソッドの名前の一部しか覚えていない場合でも心配いりません。Android Studioは、入力された文字列に一部でも該当するクラスやメソッドがあれば、候補として表示します。

```
static {
    PAINT_FLOOR.setColor(Color.GRAY);
    PAINT_WALL.setColor(Color.BLACK);
    PAINT_START.setColor(Color.DKGRAY);
    PAINT_GOAL.setColor(Color.YELLOW);
    PAINT_HOLE.setColor(Color.r());
}

private final int type;

final Rect rect;

private Block(int type, i
    this.type = type;
    rect = new Rect(left, top, right, bottom);
}
```

候補:
- rgb(int red, int green, int blue) int
- red(int color) int
- parseColor(String colorString) int
- argb(int alpha, int red, int green, int blue) int
- green(int color) int
- colorToHSV(int color, float[] hsv) void

^↓ and ^↑ will move caret down and up in the editor >>

採用したい候補にカーソルを合わせてクリックするか[Enter]キーを押せば、そのメソッドが入力されます。また、メソッドに必要な引数の型を確認しながら入力できます。

```
static {
    PAINT_FLOOR.setColor(Color.GRAY);
    PAINT_WALL.setColor(Color.BLACK);
    PAINT_START.setColor(Color.DKGRAY);
    PAINT_GOAL.setColor(Color.YELLOW);
    PAINT_HOLE.setColor(Color.rgb());
}
                              int red, int green, int blue
private final int type;
```

名前の補完を活用すればキーボードから入力する文字数を減らすことができます。プログラムを勉強するうえで、クラスやメソッドの名前を正確に覚えることは重要ではありません。どんなことができるのか。クラスやメソッドを使って、何ができるかを知ることに集中しましょう。

例外の補完

Java言語では、例外をthrowするメソッドを呼び出す際にtry catchを使ってそれぞれの例外時の処理を記述する、または発生した例外をすべて呼び出し元にthrowするかを選択する必要があります。

Android Studioのクイックフィックス機能は、例外をthrowするメソッドを使用した場合に必要なtry catchやメソッドへのthrows宣言を補完します。Android Studioは、例外をthrowするメソッドがあると、該当部分に赤い下線を表示します。

```
HttpGet get = new HttpGet(URL);
HttpResponse response = client.execute(get);
                       Unhandled exception: java.io.IOException
```

赤い下線が表示された箇所にカーソルを合わせて、[Option]キーを押しながら[Enter]([Windows]の場合は[Alt]キーと[Enter])を押すと、補完の候補を表示します。

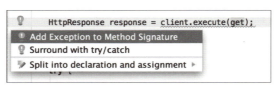

"Add Exception to Method Signature"は、編集しているメソッドにthrows宣言を追加します。メソッドで発生し、throws宣言に含まれる例外でcatchしていないものは、そのままメソッドの呼び出し元にthrowされます。"Surround with try catch"は、例外を発生するメソッドを処理できるようにtry catchを補完します。

```
HttpResponse response = null;
try {
    response = client.execute(get);
} catch (IOException e) {
    e.printStackTrace();
}
```

　この機能を活用すれば、try catchを入力する必要がなくなります。例外時の処理を書くことに集中できるので、より効率良くアプリ開発を進めることができるでしょう。

import宣言の補完

　Java言語では、プログラム中で使用するクラスは一部を除いてimport文で宣言する必要があります。

　import文はクラスの最初に宣言する必要があるので、プログラムを入力している際、ファイルの先頭にいちいちカーソルを移動することになります。新しいクラスを使うたびにimport文を書く作業をするのは効率的ではありません。

　Android Studioのクイックフィックス機能を使えば、import文を手で入力する必要はありません。必要なクラスを簡単にimportできます。

　Android Studioは、プログラム中にimportしていないクラスがあるとimportしていないクラス名を赤く表示して、同時にimportの候補をポップアップで表示します。

　この状態で Option キー（Windowsの場合は Alt キー）を押しながら Enter を押すと、importの候補が1つであれば候補のimport宣言が追加されます。また、importの候補が複数ある場合は、候補の一覧が表示され、importしたいクラスを選択できます。

変数の宣言

Android Studioのクイックフィックス機能は、宣言されていない変数の型宣言を補完します。

Android Studioは、プログラム中に宣言されていない変数が使われていると、変数名を赤く表示します。赤く表示された状態で変数にカーソルを合わせて、Optionキー（Windowsの場合はAltキー）を押しながらEnterを押すと、補完の候補を表示します。

[Create Local Variable..]を選択すると、変数をローカル変数として宣言します。[Create Field...]を選択すると、変数をクラスのフィールドとして宣言します。どちらの場合も、変数の型はAndroid Studioが自動的に推測して、提案します。

特にクラスのフィールドは、宣言をするときに一度メソッドの外にカーソルを移動させる手間があります。メソッドを書いている途中でクラスのフィールドが必要になった際に、この機能を活用すれば、より効率良くアプリ開発を進めることができるでしょう。

Interface/Abstractクラスのメソッド補完

Android Studioのクイックフィックス機能を使うと、インターフェース（Interface）の実装や、抽象（Abstract）クラスを継承する場合、必要なメソッドを自動的に追加できます。

例えば、Buttonをタップしたときに実行する処理を設定するOnClickListenerの場合、onClick（View v）が必要です。

必要なメソッドは、インターフェース（Interface）や、抽象クラスそれぞれ異なります。

どんなメソッドが必要なのか。これらを調べて、1つずつ手で入力するのは、決して効率が良いこととは言えません。

　Android Studioは、インターフェースや抽象クラスで必要なメソッドが足りない場所があると、赤い下線を表示します。

　赤い下線が表示された箇所にカーソルを合わせて Option キー（Windowsの場合は Alt キー）を押しながら Enter を押すと、補完の候補を表示します。

　[Implement Methods] を選択すると、Android Studioは、追加が必要なメソッドの一覧を表示します。

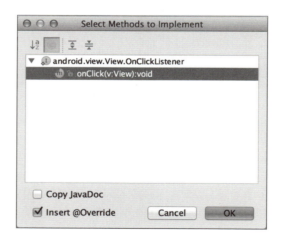

　追加するメソッドを選択してOKボタンを押すと、選択したメソッドが空の状態で追加されます。

```
buttonPushMe = (Button) findViewById(R.id.btn_pushme);
buttonPushMe.setOnClickListener(new View.OnClickListener(){

    @Override
    public void onClick(View v) {

    }
});
```

リファクタリング

Android Studioには強力なリファクタリング機能があります。リファクタリング機能を使えば、クラスやメソッド、変数などの名前を一括で変更できます。

変数名にスペルミスがあった場合を考えてみます。例えば、次の画面では、"missileList"と書くつもりが、"missleList"と書いてしまいました。

```
for (int i = 0; i < missleList.size(); i++) {
    BaseObject missile = missleList.get(i);

    if (!missile.isAvailable(width, height)) {
        continue;
    }

    for (int j = 0; j < bulletList.size(); j++) {
        BaseObject bullet = bulletList.get(j);

        if (bullet.isHit(missile)) {
            missile.hit();
            bullet.hit();

            vibrator.vibrate(VIBRATION_LENGTH_HIT_MISSILE);

            score += 10;
        }
    }
}

for (int i = 0; i < missleList.size(); i++) {
    BaseObject missile = missleList.get(i);
```

変数missleListは、たくさんの場所から参照されているので、1つひとつを書き替えるのは手間がかかります。この場合、どこでも良いのでmissleListを使っている部分にカーソルを合わせて Shift キーを押しながら F6 キーを押すと、名前の変更（リネーム）を入力する状態に変わります。

```
buttonPushMe = (Button) findViewById(R.id.btn_pushme);
buttonPushMe.setOnClickListener(new View.OnClickListener(){
  Implement Methods
  Add on demand static import for 'android.view.View'  ▶
  Annotate class 'View' as @Deprecated                 ▶
  Annotate class 'View' as @NotNull                    ▶
  Annotate class 'View' as @Nullable                   ▶
```

変更後の名前を入力して、Enter キーで決定します。変更をキャンセルしたい場合は、Esc キーを押します。

```
for (int i = 0; i < missileList.size(); i++) {
    BaseObject missile = missileList.get(i);

    if (!missile.isAvailable(width, height)) {
        continue;
    }

    for (int j = 0; j < bulletList.size(); j++) {
        BaseObject bullet = bulletList.get(j);

        if (bullet.isHit(missile)) {
            missile.hit();
            bullet.hit();

            vibrator.vibrate(VIBRATION_LENGTH_HIT_MISSILE);

            score += 10;
        }
    }
}

for (int i = 0; i < missileList.size(); i++) {
    BaseObject missile = missileList.get(i);
```

アプリ開発をするうえで、クラスやメソッド、変数の名前を決めるのは頭の痛い作業です。自然と英単語ベースの命名になりますが、最初から間違いのない、ぴったりと合った名前をつけられる人はそれほど多くはありません。

変数を宣言するたびに、プログラムを書く手を止めて、英単語を調べるという作業は、効率を極端に落としてしまいます。

そういう場合は、そのときに思いつく名前をつけてしまいましょう。それが英語として間違っていても、綴りが間違っていても問題ありません。一息ついたときに、もっと良い名前を考えて変更すればよいのです。

COLUMN

ViewとLayout

Androidで画面表示する際に使う部品は、大きく「View」と「Layout」の2つに分けられます。

View

Viewは、TextViewやImageViewなど、それ単体で何らかの役割を持つものを言います。例えば、TextViewは文字列を、ImageViewは画像を表示する目的で使われます。

▶ Viewのサイズ

それぞれのViewには、高さ（height）と幅（width）の大きさを指定します。

大きさとしてpx（ピクセル）やdp, spなど、サイズを固定する絶対値指定も可能ですが、Androidデバイスのディスプレイは、携帯電話からタブレットまで、さまざまな大きさのものがあります。

したがって、すべてのViewの大きさを数字で設定すると、ディスプレイが想定より小さいと表示領域が足りなかったり、逆に大きいと余ってしまったりと不都合が出ます。

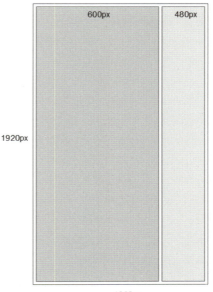

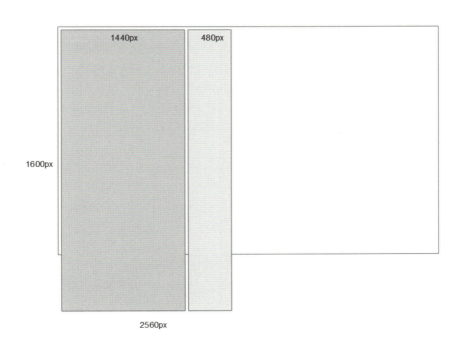

さまざまなディスプレイの大きさに柔軟に調整するため、Androidではなるべく絶対値指定は避けて、サイズを固定しない可変を示す値を設定することが奨励されます。Viewの大きさが可変であることを示す値が、match_parentとwrap_contentです。

match_parentは、そのViewを格納するLayoutの幅または高さを満たすようにViewの大きさが決まります。

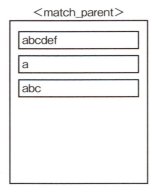

　wrap_contentは、そのView自身が格納する文字列や画像、Viewなどのコンテンツに合わせてViewの大きさが決まります。

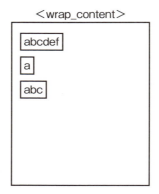

Layout

　Layoutは、1つ以上のViewを格納して配置する役割を担った「View」です。Layoutそのものも Viewであるので、LayoutにLayoutを入れることで複雑な形を構成することもできます。

▶LinearLayout

　LinearLayoutは、複数のViewを指定に応じて、縦（vertical）、または横（horizontal）向きに並べます。

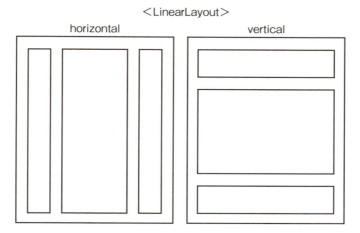

▶ RelativeLayout

　RelativeLayoutは、それぞれのViewを相対位置で並べます。**リスト6-B**は、RelativeLayoutでViewを並べたレイアウトファイルの例です。

リスト6-B：RelativeLayoutでViewを並べたレイアウトファイルの例

```xml
<?xml version="1.0" encoding="utf-8"?>

<RelativeLayout xmlns:android="http://schemas.android.com/apk/res/android"
            android:layout_width="match_parent"
            android:layout_height="match_parent">

    <TextView
        android:id="@+id/view_a"
        android:layout_width="wrap_content"
        android:layout_height="wrap_content"
        android:background="#ffffcc"
        android:gravity="center"
        android:text="View A"/>

    <TextView
        android:id="@+id/view_b"
        android:layout_width="match_parent"
        android:layout_height="wrap_content"
        android:layout_toRightOf="@id/view_a"
        android:background="#ff0000"
        android:gravity="center"
        android:text="View B"/>

    <TextView
        android:id="@+id/view_d"
        android:layout_width="fill_parent"
        android:layout_height="wrap_content"
        android:layout_alignParentBottom="true"
        android:background="#00ff00"
        android:gravity="center"
        android:text="View D"/>
```

6-10 複数の天気情報を表示する

```
    <TextView
        android:id="@+id/view_c"
        android:layout_width="fill_parent"
        android:layout_height="wrap_content"
        android:layout_above="@id/view_d"
        android:layout_below="@id/view_b"
        android:background="#0000ff"
        android:gravity="center"
        android:text="View C"/>

</RelativeLayout>
```

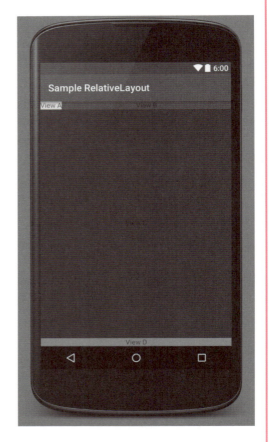

　このレイアウトファイルを実際に表示すると、右図のようになります。

　ViewAは、位置指定がされていないので、標準で左上に配置します。

　ViewBは、Aの右側（toRightOf A）かつ、親となるレイアウト（RelativeLayou）の上付き（parentTop）に配置する指定です。ViewBのwidthはmatch_parent、heightはwrap_contentを指定しているので、ViewAの右側の余白を埋める形で右上に配置します。

　ViewDは、親となるレイアウト（RelativeLayout）の下付き（parentBottom）で表示する指定なので、画面の下側に配置されます。また、ViewDのwidthはmatch_parentなので、横一杯に表示されます。

　最後のViewCは、ViewBの下、ViewCの上に配置する設定です。widthとheightはどちらもmatch_parentを指定しているので、横一杯に、縦はViewBとViewDの間を埋めるかたちで大きさが決まります。

　ここで、ViewCの記述よりViewDの記述が先であることに注目してください。RelativeLayoutは、レイアウトファイルの先に記述されたViewから配置をしていきます。

　もし、ViewCがViewDより前に記述されていた場合、その時点では相対位置の基準となるViewDが存在しないのでエラーになってしまいます。

Chapter 7
障害物や穴を飛び越える アクションゲームを作ろう

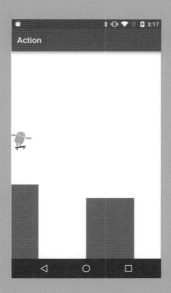

この章では、横スクロールのアクションゲームを開発します。タップで自機をジャンプさせて、障害物や穴を飛び越えていきます。

7-1 プロジェクトを作成する

最初に、これから開発するアプリのプロジェクトを作成します。

　Android Studioを起動した最初の画面で［Start a new Android project］をクリックします。

アプリケーション名とapplicationIdを設定する

　プロジェクト作成画面で［Application name］に"Action"、［Company Domain］に"keiji.io"と入力して［Next］をクリックします。

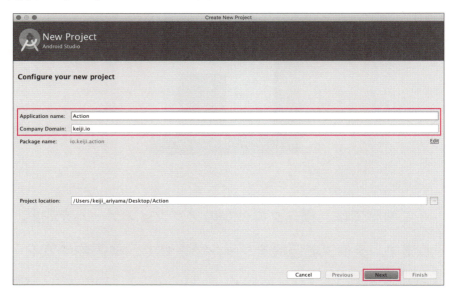

128　Chapter 7　障害物や穴を飛び越えるアクションゲームを作ろう

ここで入力する［Company Domain］は、これから開発するAndroidアプリのパッケージ名（applicationId）の元になります。パッケージ名（applicationId）は［Company Domain］を逆順にしたものになります。

　例えばkeiji.ioは、io.keijiになります。ここで［Package name］に示されている値が、これから開発するAndroidアプリのapplicationIdです。applicationIdは、Androidアプリを識別するためのもので、同じapplicationIdのAndroidアプリは、同時に1つしかインストールできません。

対応バージョンと対象のデバイスを設定する

　［Phone and Tablet］にチェックが入っていることを確認します。

　［Minimum SDK］に［API 15: Android 4.0.3（IceCreamSandwich）］を選択して［Next］をクリックします。

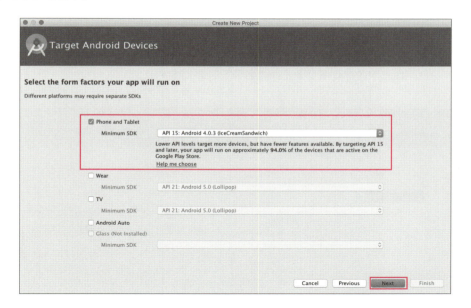

生成するテンプレートを選択する

　［Empty Activity］を選択して［Next］をクリックします。

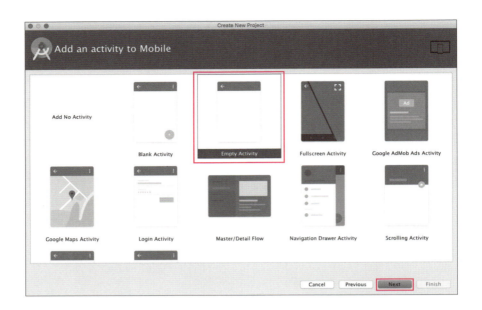

　[Empty Activity]は、Android Studioでプロジェクトを作るうえで、もっとも基本となるテンプレートです。

　次に、Activityとレイアウトファイルの名前を入力します。

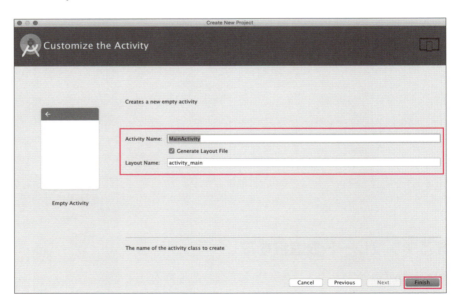

　[Activity Name]が"MainActivity"、[Layout Name]が"activity_main"になっていることを確認して[Finish]をクリックすると、プロジェクトの生成が始まります。プロジェクトの生成には時間がかかる場合があります。また、生成時にはインターネット接続が必要です。

プロジェクトの生成が完了すると、左側の領域には「Android View」が表示されています。右側は、ファイルの内容を表示して編集するエディタービュー（Editor View）が表示される領域です。

本書では「Android View」を「Project View」に変更してアプリ開発を進めていきます。Project Viewに変更するには、左上の［Android］メニューから［Project］を選択します。

7-2 画像（自機）を表示する

サンプルファイルをダウンロードする

開発を進めるアプリのサンプルコードや画像素材をまとめたファイルを用意しているので、本書のサポートページからダウンロードしてください。サポートページのURLは、次のとおりです。

http://gihyo.jp/book/2016/978-4-7741-7859-2

ファイルはZIP形式で圧縮してあります。ダブルクリックするなどして、デスクトップやマイドキュメントの中に展開してください。

画像ファイルを配置するディレクトリを作成する

［Project View］の「app/src/main/res」を右クリック→［New］→［Directory］をクリックします。表示される次のダイアログに"drawable-xxhdpi"と入力して［OK］をクリックします。

画像ファイルをプロジェクトにコピーする

エクスプローラー（Macの場合はFinder）から、サンプルに含まれる「images」を開き

ます。droid.pngを選択して、キーボードの[Ctrl]キー（Macの場合は[Command]キー）と[C]キーを押すと、コピーの準備が整います。

先ほど作成したdrawable-xxhdpiをクリックして選択してから[Ctrl]キー（Macの場合は[Command]キー）と[V]キーを押すと確認画面が表示されます。

［OK］ボタンをクリックするとdroid.pngがコピーされます。

GameViewクラスを作成する

新しいクラスGameViewを追加します。Project Viewの「app/src/main/java/io.keiji.action」にカーソルを合わせて、右クリック→［New］→［Java Class］をクリックします。

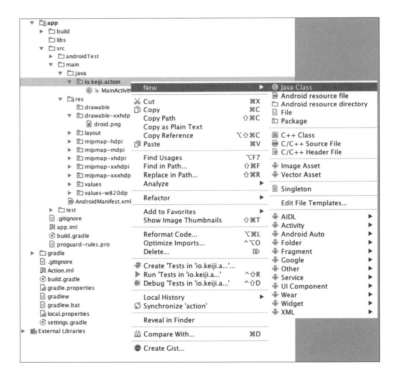

新しく追加するクラス名を入力する画面（ダイアログ）にGameViewと入力してOKをクリックします。

GameViewにプログラムを入力する

作成したクラスGameView.javaを開いて、**リスト7-1**のようにプログラムします。

○リスト7-1：GameView.java

```
package io.keiji.action;
import android.content.Context;
import android.graphics.Bitmap;
import android.graphics.BitmapFactory;
import android.graphics.Canvas;
import android.graphics.Paint;
import android.view.View;
public class GameView {
public class GameView extends View {   ①

    private static final Paint PAINT = new Paint();
    private Bitmap droidBitmap;
    public GameView(Context context) {   ②
        super(context);

        droidBitmap = BitmapFactory.decodeResource(getResources(), R.drawable.droid);
    }

    @Override
    protected void onDraw(Canvas canvas) {
        super.onDraw(canvas);
                                            ③
        canvas.drawBitmap(droidBitmap, 0, 0, PAINT);
    }
}
```

① GameViewは、Androidの画面に表示をするためのクラスViewクラスを継承する
② コンストラクタは、Viewクラスに合わせて、Contextを引数に取る
③ onDrawで画面へ描画する。ここではまずdroid.pngを描画するためにクラスBitmapとして読み込んでいる

GameViewを表示する

MainActivity.javaを開いて、**リスト7-2**のようにプログラムします。

○リスト7-2：MainActivity.java

```
public class MainActivity extends AppCompatActivity {

+    private GameView gameView;

    @Override
    protected void onCreate(Bundle savedInstanceState) {
        super.onCreate(savedInstanceState);
-       setContentView(R.layout.activity_main);
+       gameView = new GameView(this);         ①
+       setContentView(gameView);              ②
    }
}
```

① GameViewのインスタンスを作成している
② setContentViewに指定していたレイアウトファイルへの参照をGameViewのインスタンスに変更している

実行 自機の画像が左上に表示されます。

7-3 地面を表示する

自機が移動する地面を表示します。

Groundクラスを作成する

新しいクラスGroundを作成して、リスト7-3のようにプログラムします。

○リスト7-3：Ground.java

```
package io.keiji.action;

+ import android.graphics.Canvas;
```

```
+   import android.graphics.Color;
+   import android.graphics.Paint;
+   import android.graphics.Rect;
    public class Ground {
+       private int COLOR = Color.rgb(153, 76, 0);      // 茶色
+       private Paint paint = new Paint();

+       final Rect rect;
+       public Ground(int left, int top, int right, int bottom) {
+           rect = new Rect(left, top, right, bottom);
+
+           paint.setColor(COLOR);
+       }                                                           ①

+       public void draw(Canvas canvas) {
+           canvas.drawRect(rect, paint);                           ②
+       }
    }
```

① Groundクラスのコンストラクタは、left, top, right, bottomの4つの引数をとり、Rectオブジェクトとして保持する

② drawメソッドは、Rectオブジェクトの位置に茶色の四角形を描画する

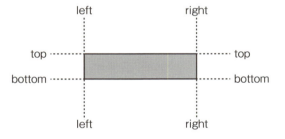

GameViewで地面を表示する

作成したクラスGroundをGameViewに表示する処理を追加します。GameView.javaを開いて、**リスト7-4**のように変更します。

○ リスト7-4：GameView.java

```
    public class GameView extends View {

        private static final Paint PAINT = new Paint();

+       private static final int GROUND_HEIGHT = 50;
+       private Ground ground;

        private Bitmap droidBitmap;

        @Override
        protected void onDraw(Canvas canvas) {
            super.onDraw(canvas);
```

```
+            int width = canvas.getWidth();
+            int height = canvas.getHeight();
+
+            if (ground == null) {
+                int top = height - GROUND_HEIGHT;      ②
+                ground = new Ground(0, top, width, height);    ①
+            }

             canvas.drawBitmap(droidBitmap, 0, 0, PAINT);
+            ground.draw(canvas);
         }
     }
```

① onDrawの中でGroundのインスタンスを生成している

② Groundの位置は画面の一番下。bottomは画面の高さ。topには画面の高さからGROUND_HEIGHT分を引いた値を設定している

 自機は左上、地面が画面の下端にそれぞれ表示されます。

7-4 自機の表示をクラスに分割する

　これまでは自機をGameViewの中で直接表示してきましたが、今後のアプリ開発をスムーズに進めるためGroundのように別のクラスに分割します。

Droidクラスを作成する

　新しいクラスDroidを作成して、**リスト7-5**のようにプログラムします。

○リスト7-5：Droid.java

```
    package io.keiji.action;

+   import android.graphics.Bitmap;
```

```
+   import android.graphics.Canvas;
+   import android.graphics.Paint;
+   import android.graphics.Rect;
    public class Droid {
+       private final Paint paint = new Paint();
+       private Bitmap bitmap;
+       final Rect rect;
+       public Droid(Bitmap bitmap, int left, int top) {
+           int right = left + bitmap.getWidth();
+           int bottom = top + bitmap.getHeight();
+           this.rect = new Rect(left, top, right, bottom);       ①
+           this.bitmap = bitmap;
+       }
+       public void draw(Canvas canvas) {
+           canvas.drawBitmap(bitmap, rect.left, rect.top, paint);
+       }
    }
```

①Droidの内容は、新しく「入力」するのではなく、GameViewにすでにある自機を表示する処理を「移動」させると考える

GameViewにある処理をDroidクラスに移動する

○リスト7-6：GameView.java

```
-   import android.graphics.Paint;
    public class GameView extends View {
-       private static final Paint PAINT = new Paint();       ①
        private Bitmap droidBitmap;
+       private Droid droid;                                  ②
        public GameView(Context context) {
            super(context);

            droidBitmap = BitmapFactory.decodeResource(getResources(), R.drawable.droid);
+           droid = new Droid(droidBitmap, 0, 0);             ③
        }

        @Override
        protected void onDraw(Canvas canvas) {
            super.onDraw(canvas);
            int width = canvas.getWidth();
            int height = canvas.getHeight();
            if (ground == null) {
                int top = height - GROUND_HEIGHT;
                ground = new Ground(0, top, width, height);
            }
```

7-4 自機の表示をクラスに分割する 137

```
-            canvas.drawBitmap(droidBitmap, 0, 0, PAINT);
+            droid.draw(canvas);        ④
             ground.draw(canvas);
        }
    }
```

①フィールドPAINTは使わないので削除する
②Droidクラスのフィールドdroidを追加する
③droidのインスタンス作成時に、droid.pngのBitmapを渡す
④これまでのdroidBitmapを直接描画する方法からdroidクラスのdrawメソッドで描画するようにしている

実行 今回は処理の場所を変えただけなので、実行しても見た目の違いはありません。自機は左上に、地面が下端に表示されます。

7-5 自機を落下させる

ここまで自機は常に画面の左上に表示されていましたが、ゲームとして成立させるには、自機は地面の上を移動する必要があります。地面の上を移動させる前に、まずは落下をプログラムします。

自機の位置を変える

Droid.javaを開いて**リスト7-7**のように変更します。

○リスト7-7：Droid.java

```
    public void draw(Canvas canvas) {
        canvas.drawBitmap(bitmap, rect.left, rect.top, paint);
    }

+   public void move() {
+       rect.offset(0, 5);   // 下へ      ①
+   }
}
```

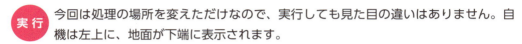

①Droidクラスにmoveメソッドを追加する。moveメソッドはdroidを表示する位置rectの示す値を縦向きに増加（移動）する

次にGameView.javaを開いて**リスト7-8**のように変更します。

○リスト7-8：GameView.java

```
    @Override
    protected void onDraw(Canvas canvas) {
        super.onDraw(canvas);
```

```
        int width = canvas.getWidth();
        int height = canvas.getHeight();

        if (ground == null) {
            int top = height - GROUND_HEIGHT;
            ground = new Ground(0, top, width, height);
        }
+       droid.move();              ①
        droid.draw(canvas);
        ground.draw(canvas);

+       invalidate();              ②
    }
}
```

①droidのdrawメソッドを実行する前に、moveメソッドを実行する

②onDrawメソッドの最後でinvalidateメソッドを実行する。invalidateメソッドを実行すると、Viewクラスは再度onDrawメソッドを実行する。通常はonDrawメソッドが実行されるタイミングはAndroidのシステムが決めるが、onDrawメソッドの最後でinvalidateメソッドを実行することでViewは描画を繰り返す

 開始直後から自機は落下を始めます。ただし、地面に接触しても落下は止まらず、そのまま画面から消えてしまいます。

7-6 自機を地面に着地させる

　前のステップでは、自機が地面に接触しても落下が止まらず画面の外に消えてしまいました。
　このステップで、自機が地面に接触した時点で落下を止めるようにプログラムします。

地面との距離を取得する

　落下を止めるためには、自機と地面の距離が0であることを検知する。つまり、自機と地面が、どれだけ離れているかを計算する必要があります。Droid.javaを開いて、**リスト7-9**のように変更します。

○リスト7-9：Droid.java

```
public class Droid {

    public interface Callback {                              ┐
        int getDistanceFromGround(Droid droid);              │①
    }                                                        ┘

    private final Callback callback;

    public Droid(Bitmap bitmap, int left, int top) {
    public Droid(Bitmap bitmap, int left, int top, Callback callback) {
        this.bitmap = bitmap;
        int right = left + bitmap.getWidth();
        int bottom = top + bitmap.getHeight();
        this.rect = new Rect(left, top, right, bottom);
        this.callback = callback;
    }

    public void draw(Canvas canvas) {
        canvas.drawBitmap(bitmap, rect.left, rect.top, paint);
    }

    public void move() {
        int distanceFromGround = callback.getDistanceFromGround(this);
        if (distanceFromGround == 0) {              ②
            return;
        } else if (distanceFromGround < 0) {        ③
            rect.offset(0, distanceFromGround);
            return;
        }
        rect.offset(0, 5); // 下へ
    }
}
```

①Callbackインターフェースを追加する。CallbackインターフェースはDroidと地面（Ground）との距離を取得できる（具体的な処理は次に記述）
②地面との距離を取得して、距離が0であれば下方向の移動（落下）を止める
③地面との距離が0未満であれば、0になるように上方向に位置を補正する

地面との距離を計算する

自機と地面との距離はGroundクラスを管理しているGameViewクラス側で計算します。GameView.javaを開いて、**リスト7-10**のように変更します。

○リスト7-10：GameView.java

```
    private Bitmap droidBitmap;
    private Droid droid;

+   private final Droid.Callback droidCallback = new Droid.Callback() {    ①
+       @Override
+       public int getDistanceFromGround(Droid droid) {
+           return ground.rect.top - droid.rect.bottom;                    ②
+       }
+   };

    public GameView(Context context) {
        super(context);

        droidBitmap = BitmapFactory.decodeResource(getResources(), R.drawable.droid);
-       droid = new Droid(droidBitmap, 0, 0);
+       droid = new Droid(droidBitmap, 0, 0, droidCallback);                ③
    }
```

①Droid.Callbackインターフェースの処理をプログラムする（実装する）
②getDistanceFromGroundメソッドで地面と自機との距離を計算する。getDistanceFromGroundメソッドはDroidの中から呼ばれている点に注意
③Droidをインスタンス化する際のコンストラクタにdroidCallbackオブジェクトを渡す

 開始直後から自機は落下を始め、地面に接触すると落下が止まります。

7-6 自機を地面に着地させる 141

7-7 タッチに反応してジャンプさせる

自機が地面の上に着地できるようになったので、続いて地面の上でジャンプができるようにプログラムします。

ジャンプの処理を追加する

Droid.javaを開いて、リスト7-11のように変更します。

○リスト7-11：Droid.java

```
public class Droid {
+    private static final float GRAVITY = 0.8f;
+    private static final float WEIGHT = GRAVITY * 60;

    private final Paint paint = new Paint();

    // 省略

+    private float velocity = 0;

+    public void jump(float power) {
+        velocity = (power * WEIGHT);     ①
+    }

    public void move() {

        int distanceFromGround = callback.getDistanceFromGround(this);

+        if (velocity < 0 && velocity < -distanceFromGround) {
+            velocity = -distanceFromGround;              ②
+        }

+        rect.offset(0, Math.round(-1 * velocity));     ③

        if (distanceFromGround == 0) {
            return;
        } else if (distanceFromGround < 0) {
            rect.offset(0, distanceFromGround);
            return;
        }
-        rect.offset(0, 5);     // 下へ
+        velocity -= GRAVITY;     ④
    }
}
```

①jumpメソッドで引数powerと定数WEIGHTを元にvelocity（速度）を設定する
②地面との距離が落下の速度より小さい場合は、自機が地面を突き抜けてしまうので、地面との距離だけ移動するように調整する

③moveメソッドで調整済みの速度分、縦方向に移動する。0より大きい場合は上向きの力、0より小さい場合は下向きの力となる）
④現在の速度から定数GRAVITYを減算する。velocityがマイナス値になると自機の移動が上昇から下降に変わる

> **COLUMN**
>
> ## ジャンプと落下
>
> 次のグラフは、ジャンプで、positionY（縦軸）の座標とvelocityがそれぞれどのように変化するかを示しています。
>
>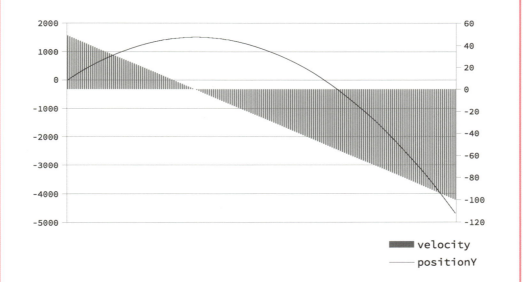
>
> ジャンプが始まると、positionYの値は増加していきます。velocityの値は、最初に設定された初期値から1ステップ毎にGRAVITY分減少していき、ある一点でマイナスに転じます。positionYの値はvelocityが0付近で最大値となり、velocityがマイナスになると、以降、positionYの値も減少していきます。

タッチしたときの処理を追加する

自機のジャンプ処理を追加したら、画面のタッチに反応して、ジャンプ処理を呼び出すプログラムを追加します。また、画面のタッチを続けた時間に応じて、ジャンプする高さが変わるようにします。GameView.javaを開いて**リスト7-12**のように変更します。

◯リスト7-12：GameView.java

```
+   import android.view.MotionEvent;

    public class GameView extends View {

        // 略

        @Override
        protected void onDraw(Canvas canvas) {
            super.onDraw(canvas);

            int width = canvas.getWidth();
            int height = canvas.getHeight();

            if (ground == null) {
                int top = height - GROUND_HEIGHT;
                ground = new Ground(0, top, width, height);
            }

            droid.move();
            droid.draw(canvas);
            ground.draw(canvas);

            invalidate();

        }

+       private static final long MAX_TOUCH_TIME = 500;      // ミリ秒
+       private long touchDownStartTime;

+       @Override
+       public boolean onTouchEvent(MotionEvent event) {              ①
+           switch (event.getAction()) {
+               case MotionEvent.ACTION_DOWN:                         ②
+                   touchDownStartTime = System.currentTimeMillis();  ③
+                   return true;
+               case MotionEvent.ACTION_UP:                           ②
+                   float time = System.currentTimeMillis() - touchDownStartTime;  ④
+                   jumpDroid(time);
+                   touchDownStartTime = 0;
+                   break;
+           }
+           return super.onTouchEvent(event);
+       }

+       private void jumpDroid(float time) {
+           if (droidCallback.getDistanceFromGround(droid) > 0) {
+               return;                                               ⑤
+           }
+           droid.jump(Math.min(time, MAX_TOUCH_TIME) / MAX_TOUCH_TIME);  ⑥
+       }
    }
```

①画面（View）へのタッチは、onTouchEventメソッドで受け取る。タッチされた場所など

の具体的な内容はMotionEventのオブジェクトに含まれる

②タッチには、指が触れたときのACTION_DOWNと、指が離れたときのACTION_UPのイベントがある

③ACTION_DOWNのタイミングではイベントが発生した時間をフィールドtouchDownStartTimeに保持する。実際のジャンプ処理はACTION_UPのタイミングでjumpDroidメソッドを呼び出す

④jumpDroidメソッドでは、ACTION_DOWNの時間とACTION_UPの時間から、指が触れていた時間を計算する

⑤jumpDroidメソッドを実行した時点で、自機と地面との距離が離れている場合は、jumpメソッドは実行しない

⑥timeとMAX_TOUCH_TIMEで小さいほうの値を指が触れていた時間とする（MAX_TOUCH_TIMEを上限とする）。時間の上限と指が触れていた時間の比をジャンプのパワーとしてDroidのjumpメソッドに渡す

実行 タッチに応じてジャンプします。ジャンプの高さはタッチしていた時間に比例して大きくなります。

7-8 ステージを移動する

　自機の操作をプログラムしたので、続いて、ステージを進める処理をプログラムしていきます。本書で作るゲームでは、自機の横位置は変えません。地面が左側にスクロールすることでステージが進んでいるように見える仕組みにします。

地面を移動する処理を追加する

　Ground.javaを開いて、**リスト7-13**のように変更します。

○リスト7-13：Ground.java

```
    public void draw(Canvas canvas) {
        canvas.drawRect(rect, paint);
    }

+   public void move(int moveToLeft) {
+       rect.offset(-moveToLeft, 0);    ①
+   }
}
```

①引数moveToLeftの分だけ横方向に移動する

次に、GameView.javaを開いて**リスト7-14**、**リスト7-15**のように変更します。

○リスト7-14：GameView.java

```
public class GameView extends View {
+   private static final int GROUND_MOVE_TO_LEFT = 10;
    private static final int GROUND_HEIGHT = 50;
    private Ground ground;

    // 省略

    @Override
    protected void onDraw(Canvas canvas) {
        super.onDraw(canvas);

        int width = canvas.getWidth();
        int height = canvas.getHeight();

        if (ground == null) {
            int top = height - GROUND_HEIGHT;
            ground = new Ground(0, top, width, height);
        }

        droid.move();
+       ground.move(GROUND_MOVE_TO_LEFT);    ①
        droid.draw(canvas);
        ground.draw(canvas);

        invalidate();
    }
```

①描画の前にmoveメソッドを実行して地面を移動させる

○リスト7-15：GameView.java

```
        private final Droid.Callback droidCallback = new Droid.Callback() {
            @Override
            public int getDistanceFromGround(Droid droid) {
+               boolean horizontal = !(droid.rect.left >= ground.rect.right
+                       || droid.rect.right <= ground.rect.left);

+               if (!horizontal) {
+                   return Integer.MAX_VALUE;
+               }

                return ground.rect.top - droid.rect.bottom;
            }
        }
```

①自機が地面の上に存在するかを判定している
②自機の下に地面がなければ、地面との距離に最大値（Integer.MAX_VALUE）を返すことで自機は落下し続ける

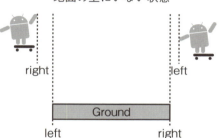

地面の上にいない状態

実 行 開始直後から地面が左側に移動します。地面が移動を続け、自機が地面の上にいなくなると再び落下がはじまり、画面の外に消えます。

7-8 ステージを移動する　147

7-9 SurfaceViewに置き替える

ここまでのGameViewは、Viewクラスを継承して開発してきました。しかしViewからinvalidateを呼び出す方法での再描画は、描画が複雑になると動きがスムーズでなくなります。

複雑な描画を実現するには描画を別のスレッドに分離する必要がありますが、Androidには画面の変更はメインスレッドからしかできないという規則があります[注1]。SurfaceViewクラスを使うと描画処理をサブスレッドに独立できます。

このステップで、GameViewが継承しているクラスをSurfaceViewに置き替えてスムーズに描画できるようにします。GameView.javaを開いてリスト7-16のように変更します。

注1）コラム「メインスレッドとHandler」（84ページ）参照。

○リスト7-16：GameView.java

```diff
- import android.view.View;
+ import android.graphics.Color;
  import android.view.MotionEvent;
+ import android.view.SurfaceHolder;
+ import android.view.SurfaceView;

+ import java.util.concurrent.atomic.AtomicBoolean;

- public class GameView extends View {
+ public class GameView extends SurfaceView implements SurfaceHolder.Callback {  ①

+     private static final long DRAW_INTERVAL = 1000 / 100;

+     private class DrawThread extends Thread {  ②
+         private final AtomicBoolean isFinished = new AtomicBoolean(false);

+         public void finish() {
+             isFinished.set(true);
+         }

+         @Override
+         public void run() {
+             SurfaceHolder holder = getHolder();
+             while (!isFinished.get()) {  ③
+                 if (holder.isCreating()) {
+                     continue;
+                 }
+                 Canvas canvas = holder.lockCanvas();  ④
+                 if (canvas == null) {
+                     continue;
+                 }

+                 drawGame(canvas);

+                 holder.unlockCanvasAndPost(canvas);  ⑤
```

```java
+                synchronized (this) {
+                    try {
+                        wait(DRAW_INTERVAL);            ⑥
+                    } catch (InterruptedException e) {
+                    }
+                }
+            }
+        }
+    }
+
+    private DrawThread drawThread;
+
+    public void startDrawThread() {
+        stopDrawThread();
+
+        drawThread = new DrawThread();
+        drawThread.start();
+    }
+
+    public boolean stopDrawThread() {
+        if (drawThread == null) {
+            return false;
+        }
+        drawThread.finish();
+        drawThread = null;
+
+        return true;
+    }
+
+    @Override
+    public void surfaceCreated(SurfaceHolder holder) {
+    }
+
+    @Override
+    public void surfaceChanged(
+            SurfaceHolder holder, int format, int width, int height) {
+        startDrawThread();
+    }
+
+    @Override
+    public void surfaceDestroyed(SurfaceHolder holder) {
+        stopDrawThread();
+    }

    public GameView(Context context) {
        super(context);

        droidBitmap = BitmapFactory.decodeResource(getResources(), R.drawable.droid);
        droid = new Droid(droidBitmap, 0, 0, droidCallback);
+       getHolder().addCallback(this);            ⑨
    }

-   @Override
-   protected void onDraw(Canvas canvas) {
-       super.onDraw(canvas);
```

```
        private void drawGame(Canvas canvas) {         ⑩
            canvas.drawColor(Color.WHITE);

            int width = canvas.getWidth();
            int height = canvas.getHeight();

            if (ground == null) {
                int top = height - GROUND_HEIGHT;
                ground = new Ground(0, top, width, height);
            }

            droid.move();
            ground.move(GROUND_MOVE_TO_LEFT);
            droid.draw(canvas);
            ground.draw(canvas);

            invalidate();                               ⑪
        }
    }
```

① GameViewが継承するクラスをSurfaceViewに変更し、インターフェースSurfaceHolder.Callbackをimplementsする
② 描画用のサブスレッドのクラスDrawThreadを追加する
③ DrawThreadは、isFinishedがtrueになるまで、繰り返し文の中で描画処理を行う。複数スレッドから同時にアクセスしたときに正しい値を返すためにAtomicBooleanを用いる
④ Canvasオブジェクトに描画した後、unlockCanvasAndPostを実行することで実際に画面に反映する
⑤ SurfaceViewクラスはgetHolderメソッドでSurfaceHolderオブジェクトを取得した後、lockCanvasメソッドで描画用のCanvasオブジェクトを取得する
⑥ 描画と描画の間隔にDRAW_INTERVAL分のミリ秒を待機する
⑦ DrawThreadはstartDrawThreadメソッドで開始。stopDrawThreadメソッドで停止する
⑧ SurfaceHolder.CallbackのsurfaceChangedでstartDrawThreadを、surfaceDestroyedでstopDrawThreadを呼び出す。これによってSurfaceViewの描画開始タイミングに合わせて描画用のスレッドを開始、停止する
⑨ GameViewのコンストラクタの中でSurfaceHolderを初期化する
⑩ これまで描画を担当していてonDrawメソッドから、drawGameメソッドに名前を変更する。メソッド名は変わっても描画処理そのものはほとんど変わらない。ただし、SurfaceViewは描画内容を初期化しないのでCanvasを初期化するための塗りつぶしを行う
⑪ invalidateの呼び出しはSurfaceViewでは必要なくなるので削除する

実行 見た目はほとんど変わりませんが、描画がサブスレッドで実行されています。DRAW_INTERVALの値を小さくするとゲームの進行が速くなり、逆に大きくすると遅くなります。また、drawColorで塗りつぶしているので背景が白色に変化しています。

7-10 地面を続けて表示する

　地面の上でジャンプができても現在は表示される地面が1つだけで、それもスクロールすると自機は落下してしまいます。最初の地面に続けて、次々とランダムにさまざまな高さの地面を表示するようにプログラムを変更します。

地面の状態を確認するメソッドを追加する

　Ground.javaを開いて、**リスト7-17**のように変更します。

○リスト7-17：Ground.java

```
    public void move(int moveToLeft) {
        rect.offset(-moveToLeft, 0);
    }
+   public boolean isShown(int width, int height) {
+       return rect.intersects(0, 0, width, height);   ①
+   }
+   public boolean isAvailable() {
+       return rect.right > 0;                         ②
+   }
}
```

① isShownメソッドは、引数の幅と高さの範囲に一部でも地面が重なっているかを返す。重なりの判定にはRectクラスのintersectsメソッドを使う（最後にsがつかないintersectと間違いやすいので注意）
② isAvailableメソッドは、地面が表示の対象になるかを返す。地面の右端の位置が0を超えていれば表示の対象となる

次にGameView.javaを開いて、**リスト7-18**のように変更します。

◯リスト7-18：GameView.java

```java
import java.util.ArrayList;
import java.util.List;
import java.util.Random;
import java.util.concurrent.atomic.AtomicBoolean;

public class GameView extends SurfaceView implements SurfaceHolder.Callback {

    private static final int GROUND_MOVE_TO_LEFT = 10;
    private static final int GROUND_HEIGHT = 50;

    private static final int ADD_GROUND_COUNT = 5;

    private static final int GROUND_WIDTH = 340;
    private static final int GROUND_BLOCK_HEIGHT = 100;

    private Ground ground;
    private Ground lastGround;                          ②

    private final List<Ground> groundList = new ArrayList<>();  ①
    private final Random rand = new Random(System.currentTimeMillis());

    private Bitmap droidBitmap;
    private Droid droid;

    // 省略
    private void drawGame(Canvas canvas) {
        canvas.drawColor(Color.WHITE);

        int width = canvas.getWidth();
        int height = canvas.getHeight();

        if (ground == null) {
            int top = height - GROUND_HEIGHT;
            ground = new Ground(0, top, width, height);
        }

        if (lastGround == null) {
            int top = height - GROUND_HEIGHT;
            lastGround = new Ground(0, top, width, height);
            groundList.add(lastGround);
        }

        if (lastGround.isShown(width, height)) {
            for (int i = 0; i < ADD_GROUND_COUNT; i++) {        ④
                int left = lastGround.rect.right;

                int groundHeight = rand.nextInt(height / GROUND_BLOCK_HEIGHT) *
                        GROUND_BLOCK_HEIGHT / 2 + GROUND_HEIGHT;

                int top = height - groundHeight;
                int right = left + GROUND_WIDTH;
                lastGround = new Ground(left, top, right, height);
```

```
+                    groundList.add(lastGround);
+                }
+            }
+
+            for (int i = 0; i < groundList.size(); i++) {
+                Ground ground = groundList.get(i);
+                if (ground.isAvailable()) {
+                    ground.move(GROUND_MOVE_TO_LEFT);          ③
+                    if (ground.isShown(width, height)) {
+                        ground.draw(canvas);
+                    }
+                } else {
+                    groundList.remove(ground);                 ⑤
+                    i--;
+                }
+            }
             droid.move();
-            ground.move(GROUND_MOVE_TO_LEFT);
             droid.draw(canvas);
-            ground.draw(canvas);
         }
```

①これまでgroundとして1つの地面だったものを地面の「リスト」として保持する
②最後に生成した地面をlastGroundに保持する
③描画のたびにリストに含まれる地面すべてのmoveメソッドを実行して、表示範囲に地面が含まれる場合は描画する
④最後に生成した地面の表示が始まるとADD_GROUND_COUNTで指定した数の地面オブジェクトを生成してリストに追加する。また、最後に生成した地面がlastGroundとなる
⑤リストに含まれる地面の表示の対象とならなくなったらリストから削除する

自機と地面の距離を計算する前に、自機がいる地面を確認する

GameView.javaを開いて、リスト7-19のように変更します。

○リスト7-19：GameView.java

```
        private final Droid.Callback droidCallback = new Droid.Callback() {
            @Override
            public int getDistanceFromGround(Droid droid) {
-                boolean horizontal = !(droid.rect.left >= ground.rect.right
-                        || droid.rect.right <= ground.rect.left);
-
-                if (!horizontal) {
-                    return Integer.MAX_VALUE;
-                }
+                int width = getWidth();
+                int height = getHeight();
+
+                for (Ground ground : groundList) {            ①
```

```
+                    if (!ground.isShown(width, height)) {
+                        continue;
+                    }
+                    boolean horizontal = !(droid.rect.left >= ground.rect.right ||
+                        droid.rect.right <= ground.rect.left);
+                    if (horizontal) {
+                        return ground.rect.top - droid.rect.bottom;
+                    }
+                }
-                return ground.rect.top - droid.rect.bottom;
+                return Integer.MAX_VALUE;
            }
        };
```

①現在どの地面の上にいるのかを判定する処理を追加している

　最初の地面が終わっても表示は途切れず、次々と地面が表示されてステージが進みます。

7-11 ゲームオーバーを設定する

　前のステップでは、連続して地面を表示してステージを進めるようにしました。しかし、現在のプログラムでは地面に横から触れると自機は急上昇して消えますが、ゲームそのものは終わりません。

　このステップで、ゲームオーバーの条件を設定して、ゲームオーバー時には画面に表示する処理を追加します。

自機を停止（シャットダウン）する

ゲームオーバー時に、自機の状態をキャンセルする処理を追加します。Droid.javaを開いて、リスト7-20のように変更します。

○リスト7-20：Droid.java

```
    private float velocity = 0;

    public void jump(float power) {
        velocity = (power * WEIGHT);
    }

+   public void stop() {
+       velocity = 0;         ①
+   }
```

①速度を0にして直ちに停止する

ゲームオーバーになったことをコールバックする

GameView.javaを開いて、リスト7-21のように変更します。

○リスト7-21：GameView.java

```
+ import android.os.Handler;

  public class GameView extends SurfaceView implements SurfaceHolder.Callback {

      // 省略

+     private final Handler handler = new Handler();

+     public interface GameOverCallback {
+         void onGameOver();         ①
+     }

+     private GameOverCallback gameOverCallback;

+     public void setCallback(GameOverCallback callback) {
+         gameOverCallback = callback;
+     }

+     private final AtomicBoolean isGameOver = new AtomicBoolean();

+     private void gameOver() {
+         if (isGameOver.get()) {
+             return;
+         }

+         isGameOver.set(true);       ②
+         droid.stop();               ③
```

```
+            handler.post(new Runnable() {
+                @Override
+                public void run() {
+                    gameOverCallback.onGameOver();          ④
+                }
+            });
+        }

    public GameView(Context context) {
        super(context);

        droidBitmap = BitmapFactory.decodeResource(getResources(), R.drawable.droid);
        droid = new Droid(droidBitmap, 0, 0, droidCallback);
        getHolder().addCallback(this);
    }
```

① GameViewのイベントを外部に伝えるためのGameOverCallbackインターフェースを作成する
② isGameOverフラグをtrueに設定する。isGameOverがすでにtrueの場合はreturnでメソッドを終わるのでゲームオーバーの処理は一度しか実行されない
③ DroidオブジェクトのstopメソッドをHandlerを経由して実行する
④ GameOverCallbackインターフェースのonGameOverを実行する。onGameOverはHandlerを経由して実行するのでUI変更（Toastの表示）ができる（コラム「メインスレッドとHandler」（84ページ）参照）。onGameOverの具体的な処理は後で実装する

ゲームオーバーを判定する

GameView.javaを開いて、リスト7-22のように変更します。

○ リスト7-22：GameView.java

```
    private final Droid.Callback droidCallback = new Droid.Callback() {
        @Override
        public int getDistanceFromGround(Droid droid) {
            int width = getWidth();
            int height = getHeight();

            for (Ground ground : groundList) {

                if (!ground.isShown(width, height)) {
                    continue;
                }

                boolean horizontal = !(droid.rect.left >= ground.rect.right ||
                        droid.rect.right <= ground.rect.left);
                if (horizontal) {
-                    return ground.rect.top - droid.rect.bottom;
+                    int distanceFromGround = ground.rect.top - droid.rect.bottom;
+                    if (distanceFromGround < 0) {           ①
```

```
+                         gameOver();         ①
+                         return Integer.MAX_VALUE;
+                     }
+                 return distanceFromGround;
                 }
             }

             return Integer.MAX_VALUE;
         }
    };
```

①地面と自機との距離がマイナスなら、地面と自機が衝突していると判定してゲームオーバーとする

ゲームオーバーを表示する

MainAcitivity.javaを開いて、**リスト7-23**のように変更します。

○リスト7-23：MainActivity.java

```
+   import android.widget.Toast;

-   public class MainActivity extends AppCompatActivity {
+   public class MainActivity extends AppCompatActivity
+           implements GameView.GameOverCallback {            ①

        private GameView gameView;

+       @Override
+       public void onGameOver() {
+           Toast.makeText(this, "Game Over", Toast.LENGTH_LONG).show();    ③
+       }

        @Override
        protected void onCreate(Bundle savedInstanceState) {
            super.onCreate(savedInstanceState);

            gameView = new GameView(this);
+           gameView.setCallback(this);      ②
            setContentView(gameView);
        }
    }
```

①GameViewのCallbackインターフェースを実装する
②GameViewのインスタンス生成後、MyActivity自身をCallbackに設定する
③ゲームオーバー時に実行されるonGameOverメソッドの中で「Game Over」のToastを表示する

実行 自機が地面にぶつかると、そのまま落下して画面に「Game Over」と表示されます。

7-12 当たり判定を調整する

ここまでは画像droid.pngの大きさでゲームオーバーを判定していました。

しかし本来、左腕の部分は判定に含めるべきではありません。

このステップで、画像に対して当たり判定の左右のマージンを設定します。

マージンの設定を追加する

Droid.javaを開いて、**リスト7-24**のように変更します。

○ リスト7-24：Droid.java

```
public class Droid {

+    private static final int HIT_MARGIN_LEFT = 30;
+    private static final int HIT_MARGIN_RIGHT = 10;

    // 省略

    final Rect rect;
+    final Rect hitRect;         ①

    public interface Callback {
        int getDistanceFromGround(Droid droid);
    }
```

```
            private final Callback callback;

            public Droid(Bitmap bitmap, int left, int top, Callback callback) {
                this.bitmap = bitmap;
                int right = left + bitmap.getWidth();
                int bottom = top + bitmap.getHeight();
                this.rect = new Rect(left, top, right, bottom);
+               this.hitRect = new Rect(left, top, right, bottom);
+               this.hitRect.left += HIT_MARGIN_LEFT;                        ②
+               this.hitRect.right -= HIT_MARGIN_RIGHT;
                this.callback = callback;
            }

            // 省略

            public void move() {

                int distanceFromGround = callback.getDistanceFromGround(this);

                if (velocity < 0 && velocity < -distanceFromGround) {
                    velocity = -distanceFromGround;
                }

                rect.offset(0, Math.round(-1 * velocity));
+               hitRect.offset(0, Math.round(-1 * velocity));            ③
                if (distanceFromGround == 0) {
                    return;
                } else if (distanceFromGround < 0) {
                    rect.offset(0, distanceFromGround);
+                   hitRect.offset(0, distanceFromGround);               ③
                    return;
                }

                velocity -= GRAVITY;
            }
        }
```

①rectは画像表示用として当たり判定用のhitRectを追加する
②hitRectは左右のマージンを含まない領域を表す
③hitRectは画像表示用のrectと同様に動く

次に、GameView.javaを開いて**リスト7-25**のように変更します。

○リスト7-25：**GameView.java**

```
private final Droid.Callback droidCallback = new Droid.Callback() {
    @Override
    public int getDistanceFromGround(Droid droid) {
        int width = getWidth();
        int height = getHeight();

        for (Ground ground : groundList) {
```

```
            if (!ground.isShown(width, height)) {
                continue;
            }
-           boolean horizontal = !(droid.rect.left >= ground.rect.right ||
-               droid.rect.right <= ground.rect.left);
+           boolean horizontal = !(droid.hitRect.left >= ground.rect.right
+               || droid.hitRect.right <= ground.rect.left);
            if (horizontal) {
-               int distanceFromGround = ground.rect.top - droid.rect.bottom;
+               int distanceFromGround = ground.rect.top - droid.hitRect.bottom;
                if (distanceFromGround < 0) {
                    gameOver();
                    return Integer.MAX_VALUE;
                }
                return distanceFromGround;
            }
        }

        return Integer.MAX_VALUE;
    }
};
```

実 行 見た目には当たり判定が変わったことはわかりません。しかし、Droidクラスの hitRectを黒い四角で描画するようにプログラムを変更（リスト7-26）すると、当たり判定が変わっていることがわかります。

○リスト7-26：Droid.java

```
public void draw(Canvas canvas) {
    canvas.drawBitmap(bitmap, rect.left, rect.top, paint);
+   canvas.drawRect(hitRect, paint);
}
```

7-13 穴を追加する

ここまでは、高さの違う地面をジャンプで乗り越えていくというルールにしていましたが、それに加えて「穴（Blank）」の概念を追加します。

穴に落ちればゲームオーバーとなるようにプログラムを追加します。

Groundクラスを変更する

Groundクラスに、固定物であるかどうかを示すメソッドを追加します。Ground.javaを開いて、**リスト7-27**のように変更します。

○リスト7-27：Ground.java

```java
    public boolean isAvailable() {
        return rect.right > 0;
    }

+   public boolean isSolid() {
+       return true;
+   }
}
```

①メソッドisSolidは固定物であるかどうかを示す。Groundは固定物なので必ずtrueを返す

Blankクラスを追加する

新しくクラスBlankを作成して**リスト7-28**のようにプログラムします。

○リスト7-28：Blank.java

```java
+ import android.graphics.Canvas;

- public class Blank {
+ public class Blank extends Ground {     ①

+     public Blank(int left, int top, int right, int bottom) {
+         super(left, top, right, bottom);                        ②
+     }

+     @Override
+     public void draw(Canvas canvas) {                           ③
+     }

+     @Override
+     public boolean isSolid() {
+         return false;                                           ④
+     }
}
```

①Blankは、Groundクラスを継承（extends）する

②コンストラクタはGroundクラスに合わせて、left, top, right, bottomの4つを引数として設定する
③drawメソッドを空にすることで描画されなくなる
④Blankは固定物ではないのでisSolidメソッドはfalseを返す

BlankクラスをGameViewで使う

作成したBlankクラスをGameViewから使用します。Ground（地面）とBlank（穴）が、交互に表示されるようにプログラムします。GameView.javaを開いて、**リスト7-29**のように変更します。

○リスト7-29：GameView.java

```
    private void drawGame(Canvas canvas) {
        canvas.drawColor(Color.WHITE);

        int width = canvas.getWidth();
        int height = canvas.getHeight();

        if (lastGround == null) {
            int top = height - GROUND_HEIGHT;
            lastGround = new Ground(0, top, width, height);
            groundList.add(lastGround);
        }

        if (lastGround.isShown(width, height)) {
            for (int i = 0; i < ADD_GROUND_COUNT; i++) {
                int left = lastGround.rect.right;

                int groundHeight = rand.nextInt(height / GROUND_BLOCK_HEIGHT) *
                        GROUND_BLOCK_HEIGHT / 2 + GROUND_HEIGHT;

                int top = height - groundHeight;
                int right = left + GROUND_WIDTH;
-               lastGround = new Ground(left, top, right, height);
+               if (i % 2 == 0) {
+                   lastGround = new Ground(left, top, right, height);
+               } else {
+                   lastGround = new Blank(left, height, right, height);
+               }
                groundList.add(lastGround);
            }
        }

        for (int i = 0; i < groundList.size(); i++) {
            Ground ground = groundList.get(i);
            if (ground.isAvailable()) {
                ground.move(GROUND_MOVE_TO_LEFT);
                if (ground.isShown(width, height)) {
                    ground.draw(canvas);
                }
            } else {
```

```
            groundList.remove(ground);
            i--;
        }
    }

    droid.move();
    droid.draw(canvas);
}
```

① GroundとBlankのオブジェクトを交互に生成して、groundListに追加する
② Blankクラスは、Groundクラスを継承しているため、groundListに追加できる。Blankクラスは、Groundクラスのdrawメソッドをオーバーライドしているので Blankクラスの場所には何も表示されない

穴に落ちる判定を追加する

GameView.javaを開いて、リスト7-30のように変更します。

○リスト7-30：GameView.java

```
    private final Droid.Callback droidCallback = new Droid.Callback() {
        @Override
        public int getDistanceFromGround(Droid droid) {
            int width = getWidth();
            int height = getHeight();

            for (Ground ground : groundList) {

                if (!ground.isShown(width, height)) {
                    continue;
                }

                boolean horizontal = !(droid.hitRect.left >= ground.rect.right
                        || droid.hitRect.right <= ground.rect.left);
                if (horizontal) {
+                   if (!ground.isSolid()) {
+                       return Integer.MAX_VALUE;       ①
+                   }

                    int distanceFromGround = ground.rect.top - droid.hitRect.bottom;
                    if (distanceFromGround < 0) {
                        gameOver();
                        return Integer.MAX_VALUE;
                    }
                    return distanceFromGround;
                }
            }
            return Integer.MAX_VALUE;
        }
    };
```

① 自機の下にある地面が固定物であるかを確認して固定物でなければ（＝穴であれば）最大値を返す

地面と穴が交互に表示されます。穴には自機が着地できず落下してゲームオーバーになります。

7-14 ジャンプ中の自機の表示を変更する

　これまでは地面にいるときもジャンプ中も自機の表示は変わりませんでした。ジャンプをしている間、自機の表示を変更します。

画像ファイルをコピーする

　サンプルに含まれる「images」からdroid_twins.pngをdrawable-xxhdpiにコピーします。

画像の表示範囲を決定する

　Droid.javaを開いて、リスト7-31とリスト7-32のように変更します。

○リスト7-31：Droid.java

```
+   import android.graphics.RectF;

    public class Droid {

+       private static final int BLOCK_SIZE = 153;    ①
```

```
+    private static final Rect BITMAP_SRC_RUNNING = new Rect(
+            0, 0, BLOCK_SIZE, BLOCK_SIZE);
+    private static final Rect BITMAP_SRC_JUMPING = new Rect(
+            BLOCK_SIZE, 0, BLOCK_SIZE * 2, BLOCK_SIZE);

     private static final int HIT_MARGIN_LEFT = 30;
     private static final int HIT_MARGIN_RIGHT = 10;
```

①droid_twins.pngの横幅は306pxで左と右半分の範囲で画像が違う

②通常時はBITMAP_SRC_RUNNINGが示す範囲。ジャンプ中はBITMAP_SRC_JUMPINGの範囲を表示する

○リスト7-32：Droid.java

```
    private Bitmap bitmap;

-   final Rect rect;
+   final RectF rect;
    final Rect hitRect;

    // 省略

    public Droid(Bitmap bitmap, int left, int top, Callback callback) {
        this.bitmap = bitmap;
-       int right = left + bitmap.getWidth();
+       int right = left + BLOCK_SIZE;
        int bottom = top + bitmap.getHeight();
-       this.rect = new Rect(left, top, right, bottom);
+       this.rect = new RectF(left, top, right, bottom);
        this.hitRect = new Rect(left, top, right, bottom);
        this.hitRect.left += HIT_MARGIN_LEFT;
        this.hitRect.right -= HIT_MARGIN_RIGHT;
        this.callback = callback;
    }
```

次にGameView.javaを開いてリスト7-33のように変更します。

○リスト7-33：GameView.java

```
    public GameView(Context context) {
        super(context);
-       droidBitmap = BitmapFactory.decodeResource(getResources(), R.drawable.droid);
+       droidBitmap = BitmapFactory.decodeResource(getResources(), R.drawable.droid_twins);
```

```
        droid = new Droid(droidBitmap, 0, 0, droidCallback);

        getHolder().addCallback(this);
    }
```

画像の切り替え処理を追加する

Droid.javaを開いて、**リスト7-34**のように変更します。

○リスト7-34：Droid.java

```
    public void draw(Canvas canvas) {
-       canvas.drawBitmap(bitmap, rect.left, rect.top, paint);
+       Rect src = BITMAP_SRC_RUNNING;              ①
+       if (velocity != 0) {
+           src = BITMAP_SRC_JUMPING;               ②
+       }
+
+       canvas.drawBitmap(bitmap, src, rect, paint);
    }
```

①通常時はBITMAP_SRC_RUNNINGが示すブロックを表示する
②ジャンプ中または落下中（velocityが0）の場合はBITMAP_SRC_JUMPINGが示すブロックを表示する

実行 地面に接しているときと、ジャンプしているときで自機の表示が変わります。

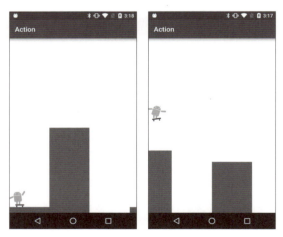

7-15 ジャンプパワーゲージを表示する

タップした時間に応じてジャンプの高さが変わりますが、どれだけの時間タップしているのか、画面に表示されません。

このステップで、画面の上部にジャンプパワーゲージを表示します。GameView.javaを開いて、**リスト7-35**と**リスト7-36**のように変更します。

○リスト7-35：GameView.java

```
import android.graphics.Paint;

public class GameView extends SurfaceView implements SurfaceHolder.Callback {

    private static final float POWER_GAUGE_HEIGHT = 30;
    private static final Paint PAINT_POWER_GAUGE = new Paint();

    static {
        PAINT_POWER_GAUGE.setColor(Color.RED);
    }
```

①パワーゲージの高さはPOWER_GAUGE_HEIGHT。色はPAINT_POWER_GAUGEで設定する

○リスト7-36：GameView.java

```
private void drawGame(Canvas canvas) {

    // 省略

    droid.move();
    droid.draw(canvas);

    if (touchDownStartTime > 0) {
        float elapsedTime = System.currentTimeMillis() - touchDownStartTime;
        canvas.drawRect(0, 0, width * (elapsedTime / MAX_TOUCH_TIME),
                POWER_GAUGE_HEIGHT, PAINT_POWER_GAUGE);
    }
}
```

①touchDownStartTimeの値が0を超えれば（画面がタップされていれば）、経過時間に応じてパワーゲージを表示する

タップを開始すると画面の上部に赤いパワーゲージが表示されます。

7-16 処理などを改善する

ゲーム自体は完成しました。ゲームをするうえで不便なところを調整していきます。

ゲーム画面を横向きに固定する

開発したゲームアプリの画面の向きはAndroidデバイスの状態に従います。携帯電話のように縦画面の場合は縦に、タブレットなどのように横画面であれば横向きにゲーム画面が表示されます。

仮にAndroidデバイスが画面の自動回転をONにしていると、デバイスの向きを縦横で変えるたびにゲーム画面が回転してゲームがリセットされてしまいます。問題を修正するため、AndroidManifest.xmlを開いて、**リスト7-37**のように変更します。

○リスト7-37：AndroidManifest.xml

```
    <application
        android:allowBackup="true"
        android:icon="@mipmap/ic_launcher"
        android:label="@string/app_name"
        android:supportsRtl="true"
        android:theme="@style/AppTheme">
-       <activity android:name=".MainActivity">
+       <activity
+           android:name=".MainActivity"
+           android:configChanges="orientation|screenSize|keyboardHidden"   ②
+           android:screenOrientation="landscape"   ①
+           >
```

```
            <intent-filter>
                <action android:name="android.intent.action.MAIN"/>

                <category android:name="android.intent.category.LAUNCHER"/>
            </intent-filter>
        </activity>
    </application>
```

①android:screenOrientation属性でMainActivityをlandscape（横向き）に固定する
②ゲーム中、一時的にホーム画面など他のアプリに切り替わった際に回転などのイベントが発生してゲームが初期化されてしまうのを防ぐ

実行 ゲームは必ず横画面（landscape）で表示されます。

Chapter 8

スコアによって難易度が変わるシューティングゲームを作ろう

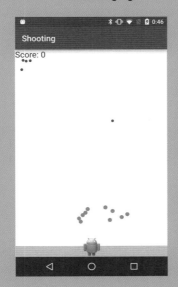

　この章では、シューティングゲームを開発します。スコアを表示したり、スコアに応じて難易度を変えたりします。

8-1 プロジェクトを作成する

最初に、これから開発するアプリのプロジェクトを作成します。

Android Studioを起動した最初の画面で［Start a new Android project］をクリックします。

アプリケーション名とapplicationIdを設定する

プロジェクト作成画面で［Application name］に"Shooting"、［Company Domain］に"keiji.io"と入力して［Next］をクリックします。

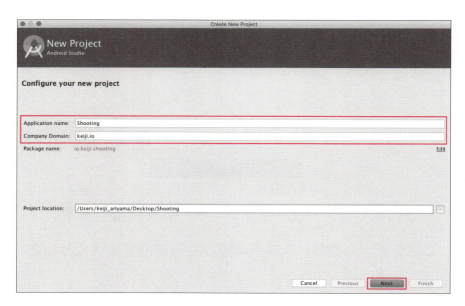

ここで入力する［Company Domain］は、これから開発するAndroidアプリのパッケージ名（applicationId）の元になります。

パッケージ名（applicationId）は［Company Domain］を逆順にしたものになります。
例えばkeiji.ioは、io.keijiになります。ここで［Package name］に示されている値が、これから開発するAndroidアプリのapplicationIdです。applicationIdは、Androidアプリを識別するためのもので、同じapplicationIdのAndroidアプリは、同時に1つしかインストールできません。

対応バージョンと対象のデバイスを設定する

［Phone and Tablet］にチェックが入っていることを確認します。

［Minimum SDK］に［API 15: Android 4.0.3（IceCreamSandwich）］を選択して［Next］をクリックします。

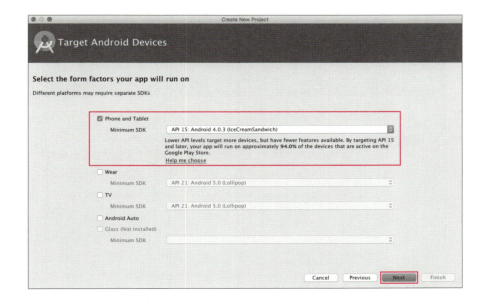

生成するテンプレートを選択する

［Empty Activity］を選択して［Next］をクリックします。

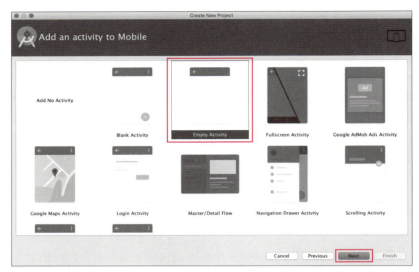

　[Empty Activity] は、Android Studioでプロジェクトを作るうえで、もっとも基本となるテンプレートです。
　次に、Activityとレイアウトファイルの名前を入力します。

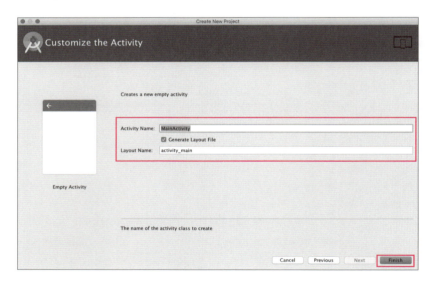

　[Activity Name] が"MainActivity"、[Layout Name] が"activity_main"になっていることを確認して [Finish] をクリックすると、プロジェクトの生成が始まります。プロジェクトの生成には時間がかかる場合があります。また、生成時にはインターネット接続が必要です。
　プロジェクトの生成が完了すると、左側の領域には「Android View」が表示されています。右側は、ファイルの内容を表示して編集するエディタービュー（Editor View）が表示される領域です。

本書では「Android View」を「Project View」に変更してアプリ開発を進めていきます。Project Viewに変更するには、左上の［Android］メニューから［Project］を選択します。

8-2　画像を表示する

　はじめに、自機にあたる画像を画面上に表示します。

サンプルファイルをダウンロードする

　開発を進めるアプリのサンプルコードや画像素材をまとめたファイルを用意しているので、本書のサポートページからダウンロードしてください。サポートページのURLは、次のとおりです。

http://gihyo.jp/book/2016/978-4-7741-7859-2

　ファイルはZIP形式で圧縮してあります。ダブルクリックするなどして、デスクトップやマイドキュメントの中に展開してください。

画像ファイルを配置するディレクトリを作成する

　［Project View］の「app/src/main/res」を右クリック→［New］→［Directory］をクリックします。表示されるダイアログに"drawable-xxhdpi"と入力して［OK］をクリックします。

画像ファイルをプロジェクトにコピーする

エクスプローラー（Macの場合はFinder）から、サンプルに含まれる「images」を開きます。droid.pngを選択して、キーボードの[Ctrl]キー（Macの場合は[Command]キー）と[C]を押すと、コピーの準備が整います。

先ほど作成したdrawable-xxhdpiをクリックして選択してから[Ctrl]キー（Macの場合は[Command]キー）と[V]を押すと確認画面が表示されます。［OK］ボタンをクリックするとdroid.pngがコピーされます。

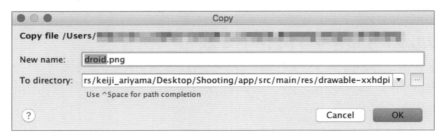

Droidクラスを作成する

新しいクラスDroidを追加します。Project Viewの「app/src/main/java/io.keiji.shooting」にカーソルを合わせて、右クリック→［New］→［Java Class］をクリックします。

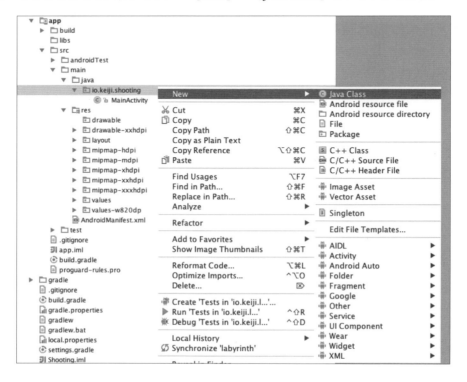

新しく追加するクラス名を入力する画面（ダイアログ）に"Droid"と入力して［OK］をクリックします。

Droidクラスをプログラムする

作成したクラスDroid.javaをリスト8-1のようにプログラムします。

○リスト8-1：Droid.java

```java
package io.keiji.shooting;

import android.graphics.Bitmap;
import android.graphics.Canvas;
import android.graphics.Paint;
import android.graphics.Rect;

public class Droid {

    private final Paint paint = new Paint();

    public final Bitmap bitmap;
    public final Rect rect;

    public Droid(Bitmap bitmap, int width, int height) {
        this.bitmap = bitmap;

        int left = (width - bitmap.getWidth()) / 2;
        int top = (height - bitmap.getHeight()) / 2;
        int right = left + bitmap.getWidth();
        int bottom = top + bitmap.getHeight();
        rect = new Rect(left, top, right, bottom);
    }

    public void draw(Canvas canvas) {
        canvas.drawBitmap(bitmap, rect.left, rect.top, paint);
    }
}
```

①コンストラクタに表示するBitmapと表示する画面の大きさを受け取り、画面の中央に表示するように位置を計算する
②drawメソッドで、Bitmapを描画する

GameViewクラスを作成する

新しいクラスGameViewを作成してリスト8-2のようにプログラムします。

8-2 画像を表示する

○リスト8-2：GameView.java

```java
package io.keiji.shooting;

import android.content.Context;
import android.graphics.Bitmap;
import android.graphics.BitmapFactory;
import android.graphics.Canvas;
import android.view.View;

public class GameView {
public class GameView extends View {    ①

    private Droid droid;

    public GameView(Context context) {    ②
        super(context);
    }

    @Override
    protected void onDraw(Canvas canvas) {
        super.onDraw(canvas);

        int width = canvas.getWidth();
        int height = canvas.getHeight();

        if (droid == null) {
            Bitmap droidBitmap = BitmapFactory.decodeResource(getResources(),
                    R.drawable.droid);
            droid = new Droid(droidBitmap, width, height);
        }

        droid.draw(canvas);                                                    ③
    }
}
```

① GameView は、Android の画面に表示をするための View クラスを継承する
② View に合わせるため、コンストラクタの引数に Context を設定する
③ onDraw で描画する。ここでは最初に Droid クラスを生成して Droid クラスの draw メソッドで自機を描画している

GameViewを表示する

MainActivity をリスト 8-3 のようにプログラムします。

○リスト8-3：MainActivity.java

```java
public class MainActivity extends AppCompatActivity {

    private GameView gameView;

    @Override
    protected void onCreate(Bundle savedInstanceState) {
        super.onCreate(savedInstanceState);

        setContentView(R.layout.activity_main);
```

```
+               gameView = new GameView(this);    ①
+               setContentView(gameView);    ②
        }
}
```

①GameViewのインスタンスを作成している
②setContentViewに指定していたレイアウトファイルへの参照をGameViewのインスタンスに変更している

実行 画面の中央に画像が表示されます。

8-3 敵のミサイルを表示する

上から降ってくるミサイルを表示します。

BaseObjectクラスを作成する

新しいクラスBaseObjectを作成してリスト8-4のようにプログラムします。

○リスト8-4：BaseObject.java

```
  package io.keiji.shooting;

+ import android.graphics.Canvas;

- public class BaseObject {
+ public abstract class BaseObject {    ①

+     float xPosition;
+     float yPosition;    ②

+     public abstract void draw(Canvas canvas);    ③

+     public boolean isAvailable(int width, int height) {    ④
+         if (yPosition < 0 || xPosition < 0 || yPosition > height || xPosition > width) {
```

```
+            return false;
+        }
+        return true;
+    }
+    public abstract void move();   ①
 }
```

① BaseObjectはabstract（抽象）クラスとして、他のクラスと共通の処理をまとめる目的がある
② xPositionは横軸の位置、yPositionは縦軸の位置を表す
③ drawメソッドは、クラスのオブジェクトを描画する。具体的な処理はBaseObjectを継承するクラスでプログラムする
④ isAvailableメソッドは、オブジェクトの位置が引数の大きさの範囲に含まれるか。画面の外に移動して見えなくなった場合を判定する
⑤ moveメソッドはオブジェクトを移動させる役割を持つ。具体的な処理はBaseObjectを継承するクラスでプログラムする

DroidクラスにBaseObjectを継承させる

Droid.javaを**リスト8-5**のようにプログラムします。

○ リスト8-5：Droid.java

```
- public class Droid {
+ public class Droid extends BaseObject {   ①

      // 省略

      public Droid(Bitmap bitmap, int width, int height) {
          this.bitmap = bitmap;

          int left = (width - bitmap.getWidth()) / 2;
-         int top = (height - bitmap.getHeight()) / 2;
+         int top = height - bitmap.getHeight();   ②
          int right = left + bitmap.getWidth();
          int bottom = top + bitmap.getHeight();
          rect = new Rect(left, top, right, bottom);
+         xPosition = rect.centerX();
+         yPosition = rect.centerY();         ③
      }

+     @Override
      public void draw(Canvas canvas) {
          canvas.drawBitmap(bitmap, rect.left, rect.top, paint);
      }

+     @Override
+     public void move() {   ④
+     }
  }
```

① BaseObject を継承する
② Bitmap を描画する縦位置は与えられた高さから表示する画像の高さを引いた値（＝画面の下端）になる
③ BaseObject の xPosition と yPosition を、それぞれ描画位置の中心に設定する
④ move メソッドは自機は位置を変えないので何もプログラムしない

Missile クラスを作成する

新しいクラス Missile を作成して**リスト8-6**のようにプログラムします。

○リスト8-6：Missile.java

```
package io.keiji.shooting;

import android.graphics.Canvas;
import android.graphics.Color;
import android.graphics.Paint;

public class Missile extends BaseObject {              ①

    private static final float MOVE_WEIGHT = 3.0f;
    private static final float SIZE = 10f;
    private final Paint paint = new Paint();

    public final float alignX;

    Missile(int fromX, float alignX) {                 ②
        yPosition = 0;                                 ③
        xPosition = fromX;
        this.alignX = alignX;

        paint.setColor(Color.BLUE);
    }

    @Override
    public void move() {
        yPosition += 1 * MOVE_WEIGHT;                  ④
        xPosition += alignX * MOVE_WEIGHT;
    }

    @Override
    public void draw(Canvas canvas) {
        canvas.drawCircle(xPosition, yPosition, SIZE, paint);  ⑤
    }
}
```

① BaseObject を継承する
② コンストラクタで、ミサイルを発射する横軸の座標（fromX）と進行方向の傾き（alignX）を受け取る
③ ミサイルの最初の縦座標は0（＝画面の上端）とする
④ move メソッドでは縦に MOVE_WEIGHT 分、横に MOVE_WEIGHT に alignX を積算した値を加算して下向きに移動する

⑤ draw メソッドでは SIZE の大きさを持つ丸を描画する。描画する色は paint で、コンストラクタの中で設定する

GameView で Missile を表示する

GameView.java を**リスト 8-7** のように変更します。

◯ リスト 8-7：GameView.java

```java
package io.keiji.shooting;

import java.util.ArrayList;
import java.util.List;
import java.util.Random;

public class GameView extends View {

    private static final int MISSILE_LAUNCH_WEIGHT = 50;

    private Droid droid;
    private final List<BaseObject> missileList = new ArrayList<>();

    private final Random rand = new Random(System.currentTimeMillis());

    public GameView(Context context) {
        super(context);
    }
    @Override
    protected void onDraw(Canvas canvas) {
        super.onDraw(canvas);
        int width = canvas.getWidth();
        int height = canvas.getHeight();

        if (droid == null) {
            Bitmap droidBitmap = BitmapFactory.decodeResource(getResources(),
                    R.drawable.droid);
            droid = new Droid(droidBitmap, width, height);
        }

        if (rand.nextInt(MISSILE_LAUNCH_WEIGHT) == 0) {     ①
            Missile missile = launchMissile(width, height);
            missileList.add(missile);                       ②
        }

        drawObjectList(canvas, missileList, width, height); ③

        droid.draw(canvas);
        invalidate();    ④
    }

    private static void drawObjectList(
            Canvas canvas, List<BaseObject> objectList, int width, int height) {
        for (int i = 0; i < objectList.size(); i++) {
            BaseObject object = objectList.get(i);
            if (object.isAvailable(width, height)) {
                object.move();
                object.draw(canvas);
            } else {
```

```
+                    objectList.remove(object);          ⑤
+                    i--;
+                }
+            }
+        }
+
+        private Missile launchMissile(int width, int height) {
+            int fromX = rand.nextInt(width);
+            int toX = rand.nextInt(width);
+
+            float alignX = (toX - fromX) / (float) height;
+            return new Missile(fromX, alignX);
+        }
+    }
```

①ランダムでMISSILE_LAUNCH_WEIGHTを上限とする値を取得して、結果が0の場合にミサイルを発射（生成）する

②発射（生成）したミサイルはmissileListに追加して管理する

③drawObjectListメソッドは、missileListに含まれるミサイル1つずつについてmoveメソッドを実行したあとdrawメソッドで描画する

④onDrawメソッドの最後でinvalidateメソッドを実行する。invalidateメソッドを実行すると、Viewクラスは再度onDrawメソッドを実行する。通常はonDrawメソッドが実行されるタイミングはAndroidのシステムが決めるが、onDrawメソッドの最後でinvalidateメソッドを実行することでViewは描画を繰り返す

⑤ミサイルのisAvailableメソッドの結果がfalseであれば、画面上から消えたとしてmissileListから削除する

実行 上からミサイルが発射され、下向きに移動します。

8-4 SurfaceViewに置き替える

ここまでのGameViewは、Viewクラスを継承して開発してきました。しかしViewからinvalidateを呼び出す方法での再描画は、描画が複雑になると動きがスムーズでなくなります。

複雑な描画を実現するには描画を別のスレッドに分離する必要がありますが、Androidには画面の変更はメインスレッドからしかできないという規則があります[注1]。SurfaceViewクラスを使うと描画処理をサブスレッドに独立できます。

このステップで、GameViewが継承しているクラスをSurfaceViewに置き替えてスムーズに描画できるようにします。

SurfaceViewへの置き替え

GameView.javaをリスト8-8のように変更します。

注1）コラム「メインスレッドとHandler」（84ページ）参照。

リスト8-8：GameView.java

```diff
- import android.view.View;
+ import android.graphics.Color;
+ import android.view.SurfaceHolder;
+ import android.view.SurfaceView;

- public class GameView extends View {
+ public class GameView extends SurfaceView implements SurfaceHolder.Callback {   ①

+     private static final long DRAW_INTERVAL = 1000 / 60;

      private static final int MISSILE_LAUNCH_WEIGHT = 50;

      private Droid droid;

      private final List<BaseObject> missileList = new ArrayList<>();

      private final Random rand = new Random(System.currentTimeMillis());

+     private DrawThread drawThread;

+     private class DrawThread extends Thread {   ②
+         private final AtomicBoolean isFinished = new AtomicBoolean();

+         public void finish() {
+             isFinished.set(true);
+         }

+         @Override
+         public void run() {
+             SurfaceHolder holder = getHolder();
```

```java
            while (!isFinished.get()) {
                if (holder.isCreating()) {
                    continue;
                }

                Canvas canvas = holder.lockCanvas();       ④
                if (canvas == null) {
                    continue;
                }

                drawGame(canvas);
                holder.unlockCanvasAndPost(canvas);        ⑤

                synchronized (this) {
                    try {
                        wait(DRAW_INTERVAL);               ⑥
                    } catch (InterruptedException e) {
                    }
                }
            }
        }
    }

    public void startDrawThread() {                        ⑦
        stopDrawThread();

        drawThread = new DrawThread();
        drawThread.start();
    }

    public boolean stopDrawThread() {                      ⑦
        if (drawThread == null) {
            return false;
        }

        drawThread.finish();
        drawThread = null;
        return true;
    }

    @Override
    public void surfaceCreated(SurfaceHolder holder) {     ⑧
        startDrawThread();
    }

    @Override
    public void surfaceChanged(SurfaceHolder holder, int format, int width, int height) {
    }

    @Override
    public void surfaceDestroyed(SurfaceHolder holder) {   ⑧
        stopDrawThread();
    }
    public GameView(Context context) {
        super(context);
```

```
+            getHolder().addCallback(this);                ⑨
         }

-        @Override
-        protected void onDraw(Canvas canvas) {
-            super.onDraw(canvas);
+        private void drawGame(Canvas canvas) {           ┐
+            canvas.drawColor(Color.WHITE);               │ ⑩
             int width = canvas.getWidth();
             int height = canvas.getHeight();
             if (droid == null) {
                 Bitmap droidBitmap = BitmapFactory.decodeResource(getResources(),
                     R.drawable.droid);
                 droid = new Droid(droidBitmap, width, height);
             }
             if (rand.nextInt(MISSILE_LAUNCH_WEIGHT) == 0) {
                 Missile missile = launchMissile(width, height);
                 missileList.add(missile);
             }
             drawObjectList(canvas, missileList, width, height);
             droid.draw(canvas);

-            invalidate();                ⑪
         }
     }
```

①GameViewが継承するクラスをSurfaceViewに変更し、インターフェースSurfaceHolder.Callbackをimplementsする

②描画用のサブスレッドのクラスDrawThreadを追加する

③DrawThreadは、isFinishedがtrueになるまで、繰り返し文の中で描画処理を行う。複数スレッドから同時にアクセスしたときに正しい値を返すためにAtomicBooleanを用いる

④SurfaceViewクラスはgetHolderメソッドでSurfaceHolderオブジェクトを取得した後、lockCanvasメソッドで描画用のCanvasオブジェクトを取得する

⑤Canvasオブジェクトに描画した後、unlockCanvasAndPostを実行することで実際に画面に反映する

⑥描画と描画の間隔にDRAW_INTERVAL分のミリ秒を待機する

⑦DrawThreadはstartDrawThreadメソッドで開始。stopDrawThreadメソッドで停止する

⑧SurfaceHolder.CallbackのsurfaceChangedでstartDrawThreadを、surfaceDestroyedでstopDrawThreadを呼び出す。これによってSurfaceViewの描画開始タイミングに合わせて描画用のスレッドを開始、停止する

⑨GameViewのコンストラクタの中でSurfaceHolderを初期化する

⑩これまで描画を担当していてonDrawメソッドから、drawGameメソッドに名前を変更する。メソッド名は変わっても描画処理そのものはほとんど変わらない。ただし、SurfaceViewは描画内容を初期化しないのでCanvasを初期化するための塗りつぶしを行う

⑪invalidateの呼び出しはSurfaceViewでは必要なくなるので削除する

見た目はほとんど変わりませんが、描画がサブスレッドで実行されています。DRAW_INTERVALの値を小さくするとゲームの進行が速くなり、逆に大きくすると遅くなります。また、drawColorで塗りつぶしているので背景が白色に変化しています。

8-5 自機から弾を発射する

画面をタップした位置に向けて自機から弾を発射するようにプログラムします。

Bulletクラスを作成する

新しいクラスBulletを作成してリスト8-9のようにプログラムします。

○リスト8-9：Bullet.java

```
package io.keiji.shooting;

+ import android.graphics.Canvas;
+ import android.graphics.Color;
+ import android.graphics.Paint;
+ import android.graphics.Rect;

- public class Bullet {
+ public class Bullet extends BaseObject {           ①

+     private static final float MOVE_WEIGHT = 3.0f;

+     private final Paint paint = new Paint();

+     private static final float SIZE = 15f;

+     public final float alignX;

+     Bullet(Rect rect, float alignXValue) {         ②
+         xPosition = rect.centerX();                ③
```

```
+            yPosition = rect.centerY();       ③
+            alignX = alignXValue;
+
+            paint.setColor(Color.RED);
+        }
+
+        @Override
+        public void move() {
+            yPosition -= 1 * MOVE_WEIGHT;
+            xPosition += alignX * MOVE_WEIGHT;      ④
+        }
+
+        @Override
+        public void draw(Canvas canvas) {
+            canvas.drawCircle(xPosition, yPosition, SIZE, paint);    ⑤
+        }
    }
```

①BaseObjectを継承する

②コンストラクタで弾の傾き（alignX）を渡す

③弾の最初の座標は、コンストラクタに渡されるRectの中心座標となる。Droidが持っているRectを渡すと自機の中心から弾を発射する

④moveメソッドでは縦の座標からMOVE_WEIGHT分の値を減らし、横にMOVE_WEIGHTにalignXを積算した値を加える。Missileクラスと違い縦方向の値が減ることに注意

⑤drawメソッドではSIZEの値の大きさを持つ丸を描画する

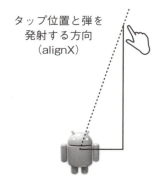

タップ位置と弾を
発射する方向
（alignX）

タップした場所に向けて弾を発射する

GameView.javaをリスト8-10のように変更します。

○リスト8-10：GameView.java

```
    package io.keiji.shooting;

+   import android.view.MotionEvent;

    public class GameView extends SurfaceView implements SurfaceHolder.Callback {
```

```java
        private static final long DRAW_INTERVAL = 1000 / 60;
        private static final int MISSILE_LAUNCH_WEIGHT = 50;
        private Droid droid;
        private final List<BaseObject> missileList = new ArrayList<>();
        private final List<BaseObject> bulletList = new ArrayList<>();    ①

        // 省略

        private void drawGame(Canvas canvas) {
            canvas.drawColor(Color.WHITE);

            int width = canvas.getWidth();
            int height = canvas.getHeight();

            if (droid == null) {
                Bitmap droidBitmap = BitmapFactory.decodeResource(getResources(),
                        R.drawable.droid);
                droid = new Droid(droidBitmap, width, height);
            }

            if (rand.nextInt(MISSILE_LAUNCH_WEIGHT) == 0) {
                Missile missile = launchMissile(width, height);
                missileList.add(missile);
            }

            drawObjectList(canvas, missileList, width, height);

            drawObjectList(canvas, bulletList, width, height);    ②

            droid.draw(canvas);
        }

        // 省略

        @Override
        public boolean onTouchEvent(MotionEvent event) {
            switch (event.getAction()) {
                case MotionEvent.ACTION_DOWN:
                    fire(event.getX(), event.getY());
                    break;                                        ③
            }

            return super.onTouchEvent(event);
        }

        private void fire(float x, float y) {
            float alignX = (x - droid.rect.centerX()) / Math.abs(y - droid.rect.centerY());

            Bullet bullet = new Bullet(droid.rect, alignX);       ④
            bulletList.add(0, bullet);
        }

        private Missile launchMissile(int width, int height) {
            int fromX = rand.nextInt(width);
            int toX = rand.nextInt(width);
            float alignX = (toX - fromX) / (float) height;
            return new Missile(fromX, alignX);
        }
    }
```

①bulletListを追加する。bulletListに含まれる弾1つずつについてmoveメソッドを実行し、drawメソッドで描画する
②弾のisAvailableメソッドの結果がfalseであれば、画面上から消えたとしてbulletListから削除する。実際の表示処理はmissileListと同じくGameViewのdrawObjectListメソッドで行う
③画面（View）へのタッチは、onTouchEventメソッドで受け取る。タッチされた場所などの具体的な内容はMotionEventのオブジェクトに含まれる。画面に指が触れたACTION_DOWNのタイミングで弾を発射する
④fireメソッドは、タッチした場所のXY座標を元に発射する傾き方向（alignX）を計算して、Bulletを生成する

実行 タップした位置に向けて自機が弾を発射します。

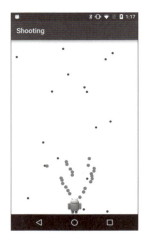

8-6 当たり判定を追加する

　ミサイルと自機の弾の発射ができるようになりましたが、ミサイルと弾、ミサイルと自機が触れても何もおきません。自機と弾とミサイル、それぞれが衝突したかを判定する「当たり判定」を追加します。

BaseObjectクラスに状態と当たり判定処理を追加する

　BaseObject.javaをリスト8-11のように変更します。

○リスト8-11：BaseObject.java

```java
public abstract class BaseObject {
    static final int STATE_NORMAL = -1;
    static final int STATE_DESTROYED = 0;

    int state = STATE_NORMAL;

    enum Type {
        Droid,
        Bullet,
        Missile,
    }

    public abstract Type getType();

    float yPosition;
    float xPosition;

    public abstract void draw(Canvas canvas);

    public boolean isAvailable(int width, int height) {
        if (yPosition < 0 || xPosition < 0 || yPosition > height || xPosition > width) {
            return false;
        }

        if (state == STATE_DESTROYED) {
            return false;
        }

        return true;
    }

    public abstract void move();

    public abstract boolean isHit(BaseObject object);

    public void hit() {
        state = STATE_DESTROYED;
    }

    static double calcDistance(BaseObject obj1, BaseObject obj2) {
        float distX = obj1.xPosition - obj2.xPosition;
        float distY = obj1.yPosition - obj2.yPosition;
        return Math.sqrt(Math.pow(distX, 2) + Math.pow(distY, 2));
    }
}
```

①状態を示す定数STATE_NORMALとSTATE_DESTROYED

②タイプを示す列挙型

③getTypeメソッドはabstract（抽象）メソッド。実際のふるまいはBaseObjectを継承したクラスで実装する

④isHitメソッドは、引数のBaseObjectと衝突したかどうかを判定する。実際のふるまいはBaseObjectを継承したクラスで実装する

8-6 当たり判定を追加する

⑤hitメソッドを実行すると、状態をDESTROYEDに変更する
⑥calcDistanceメソッドは、2つのBaseObjectの距離を計算する

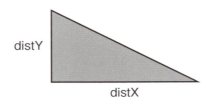

Droidクラスに当たり判定処理を追加する

Droid.javaをリスト8-12のように変更します。

○リスト8-12：Droid.java

```
@Override
public boolean isHit(BaseObject object) {
    if (object.getType() != Type.Missile) {
        return false;
    }
    int x = Math.round(object.xPosition);
    int y = Math.round(object.yPosition);
    return rect.contains(x, y);
}                                                   ②

@Override
public Type getType() {
    return Type.Droid;                              ①
}

@Override
public void draw(Canvas canvas) {
    if (state != STATE_NORMAL) {
        return;                                     ③
    }
    canvas.drawBitmap(bitmap, rect.left, rect.top, paint);
}
```

①タイプとしてDroidを返す
②isHitメソッドは、引数のBaseObjectの位置が自身のrect内に含まれる（contains）かで当たったと判定する
③状態がNORMALでなければ描画しない（return以降は実行されない）

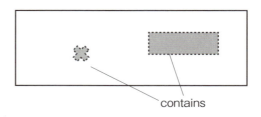

Bulletクラスに当たり判定処理を追加する

Bullet.javaを**リスト8-13**のように変更します。

○リスト8-13：Bullet.java

```java
    @Override
    public boolean isHit(BaseObject object) {
        if (object.getType() != Type.Missile) {
            return false;
        }
        return (calcDistance(this, object) < SIZE);
    }

    @Override
    public Type getType() {
        return Type.Bullet;
    }

    @Override
    public void draw(Canvas canvas) {
        if (state != STATE_NORMAL) {
            return;
        }
        canvas.drawCircle(xPosition, yPosition, SIZE, paint);
    }
}
```

①isHitメソッドは、引数のBaseObjectのタイプがMissileで、距離が自身のSIZE未満であれば当たったと判定する
②getTypeメソッドはタイプとしてBulletを返す
③状態がNORMALでなければ描画しない（return以降は実行されない）

Missileクラスに当たり判定処理を追加する

Missile.javaを**リスト8-14**のように変更します。

○リスト8-14：Missile.java

```java
    @Override
    public boolean isHit(BaseObject object) {
        if (object.getType() == Type.Missile) {
            return false;
        }
        return (calcDistance(this, object) < SIZE);
    }

    @Override
    public Type getType() {
```

```
+            return Type.Missile;                ①
+        }

         @Override
         public void draw(Canvas canvas) {
+            if (state != STATE_NORMAL) {
+                return;                          ③
+            }
             canvas.drawCircle(xPosition, yPosition, SIZE, paint);
         }
     }
```

① getTypeメソッドはタイプとしてMissileを返す
② isHitメソッドは、引数のBaseObjectのタイプがMissile以外で、距離が自身のSIZE未満であれば当たったと判定する
③ 状態がNORMALでなければ描画しない（return以降は実行されない）

GameViewクラスで弾とミサイル、自機とミサイルの当たり判定を処理する

GameView.javaを開いてリスト8-15のように変更します。

○ リスト8-15：GameView.java

```
     private void drawGame(Canvas canvas) {
         canvas.drawColor(Color.WHITE);

         int width = canvas.getWidth();
         int height = canvas.getHeight();

         if (droid == null) {
             Bitmap droidBitmap = BitmapFactory.decodeResource(getResources(),
                     R.drawable.droid);
             droid = new Droid(droidBitmap, width, height);
         }

         if (rand.nextInt(MISSILE_LAUNCH_WEIGHT) == 0) {
             Missile missile = launchMissile(width, height);
             missileList.add(missile);
         }

         drawObjectList(canvas, missileList, width, height);

         drawObjectList(canvas, bulletList, width, height);

+        for (int i = 0; i < missileList.size(); i++) {     ①
+            BaseObject missile = missileList.get(i);

+            if (droid.isHit(missile)) {
+                missile.hit();
+                droid.hit();
```

```
+                break;
+            }

+            for (int j = 0; j < bulletList.size(); j++) {          ②
+                BaseObject bullet = bulletList.get(j);
+                if (bullet.isHit(missile)) {
+                    missile.hit();
+                    bullet.hit();
+                }
+            }
+        }
        droid.draw(canvas);
    }
```

①ミサイルと弾が当たったか総当たりで判定する
②自機とミサイルが当たったかを判定する

実行 ミサイルと弾が当たると、どちらの表示も消えます。ミサイルが自機に当たると自機が消えてしまいます。

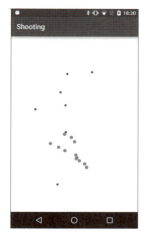

8-7 スコアを表示する

ミサイルの撃墜数に応じて増加するスコアを、画面上に表示します。GameView.javaを開いて**リスト8-16**のように変更します。

○リスト8-16：GameView.java

```
package io.keiji.shooting;

+ import android.graphics.Paint;

public class GameView extends SurfaceView implements SurfaceHolder.Callback {
```

```java
        private static final long DRAW_INTERVAL = 1000 / 60;

        private static final int MISSILE_LAUNCH_WEIGHT = 50;

+       private static final float SCORE_TEXT_SIZE = 60.0f;

        private Droid droid;
        private final List<BaseObject> missileList = new ArrayList<>();
        private final List<BaseObject> bulletList = new ArrayList<>();

        private final Random rand = new Random(System.currentTimeMillis());

+       private long score;
+       private final Paint paintScore = new Paint();

        private DrawThread drawThread;

        // 省略

        public GameView(Context context) {
            super(context);

+           paintScore.setColor(Color.BLACK);
+           paintScore.setTextSize(SCORE_TEXT_SIZE);           ①
+           paintScore.setAntiAlias(true);

            getHolder().addCallback(this);
        }

        private void drawGame(Canvas canvas) {

            // 省略

            for (int i = 0; i < missileList.size(); i++) {
                BaseObject missile = missileList.get(i);

                if (droid.isHit(missile)) {
                    missile.hit();
                    droid.hit();
                }

                for (int j = 0; j < bulletList.size(); j++) {
                    BaseObject bullet = bulletList.get(j);
                    if (bullet.isHit(missile)) {
                        missile.hit();
                        bullet.hit();
+                       score += 10;           ②
                    }
                }
            }

            droid.draw(canvas);

+           canvas.drawText("Score: " + score, 0, SCORE_TEXT_SIZE, paintScore);           ③
        }
```

①初期化時にpaintScoreを設定する。色は黒、表示する文字の大きさを定数SCORE_TEXT_SIZE、アンチエイリアスを有効にする
②ミサイルに弾が当たるとスコアを加算する
③現在のスコアを描画する

実行 左端に現在のスコアが表示され、ミサイルに弾が当たるたびにスコアが増加します。

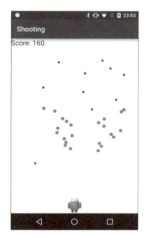

8-8 ゲームの終了（ゲームオーバー）

現在は自機に弾が当たっても自機が消えるだけで、そのまま弾を撃ち続けることができます。このステップでゲームオーバーの条件を設定して、ゲームを停止する処理を追加します。

ゲームオーバーのコールバック

GameView.javaをリスト8-17のように変更します。

○リスト8-17：GameView.java

```
package io.keiji.shooting;

+ import android.os.Handler;

public class GameView extends SurfaceView implements SurfaceHolder.Callback {

+     public interface EventCallback {
+         void onGameOver(long score);      ①
+     }

+     private EventCallback eventCallback;
+     public void setEventCallback(EventCallback eventCallback) {
+         this.eventCallback = eventCallback;
+     }
```

```java
+       private Handler handler = new Handler();

        public GameView(Context context) {
            super(context);

            paintScore.setColor(Color.BLACK);
            paintScore.setTextSize(SCORE_TEXT_SIZE);
            paintScore.setAntiAlias(true);

            getHolder().addCallback(this);
        }
```

① GameViewのイベントを外部に伝えるためのEventCallbackインターフェースを追加する

ゲームオーバーを判定する

次に、GameView.javaを**リスト8-18**のように変更します。

○ リスト8-18：GameView.java

```java
    private void drawGame(Canvas canvas) {
        // 省略

        for (int i = 0; i < missileList.size(); i++) {
            BaseObject missile = missileList.get(i);

            if (droid.isHit(missile)) {
                missile.hit();
                droid.hit();

+               handler.post(new Runnable() {
+                   @Override
+                   public void run() {
+                       eventCallback.onGameOver(score);
+                   }
+               });

                break;
            }

            for (int j = 0; j < bulletList.size(); j++) {
                BaseObject bullet = bulletList.get(j);

                if (bullet.isHit(missile)) {
                    missile.hit();
                    bullet.hit();

                    score += 10;
                }
            }
        }

        droid.draw(canvas);
        canvas.drawText("Score: " + score, 0, SCORE_TEXT_SIZE, paintScore);
    }
```

ゲームオーバーを表示する

MainActivity.javaを**リスト8-19**のように変更します。

○リスト8-19：MainActivity.java

```
package io.keiji.shooting;

import android.widget.Toast;

public class MainActivity extends AppCompatActivity {
public class MainActivity extends AppCompatActivity
        implements GameView.EventCallback {                ①

    private GameView gameView;

    @Override
    protected void onCreate(Bundle savedInstanceState) {
        super.onCreate(savedInstanceState);

        gameView = new GameView(this);
        gameView.setEventCallback(this);                   ②
        setContentView(gameView);
    }

    @Override
    public void onGameOver(long score) {
        gameView.stopDrawThread();                                                      ③
        Toast.makeText(this, "Game Over スコア " + score, Toast.LENGTH_LONG).show();
    }
}
```

①GameViewのEventCallbackインターフェースを実装する
②GameViewのインスタンス生成後、MainActivity自身をEventCallbackに設定する
③ゲームオーバー時に実行されるonGameOverメソッドの中で「Game Over」と最終スコアをToastで表示する

実行 自機がミサイルに当たると、「Game Over」の文字と、最終スコアが表示されます。

8-9 端末をバイブレーションさせる

これまでは、弾とミサイルが当たっても、表示が消えてスコアが増える以上の変化がありませんでした。

このステップではAndroidデバイスのバイブレーション機能を使って、弾がミサイルを当たったときや、ミサイルが自機に当たったときにバイブレーションで知らせるようにプログラムします。

パーミッションを追加する

AndroidManifest.xmlをリスト8-20のように変更します。

○リスト8-20：AndroidManifest.xml

```
<?xml version="1.0" encoding="utf-8"?>
<manifest
    package="io.keiji.shooting"
    xmlns:android="http://schemas.android.com/apk/res/android">

+   <uses-permission android:name="android.permission.VIBRATE"/>   ①

    <application
```

① Androidのバイブレーターを操作するパーミッションは「android.permission.VIBRATE」

バイブレーションの準備を追加する

GameView.javaをリスト8-21のように変更します。

○リスト8-21：GameView.java

```
package io.keiji.shooting;

+ import android.os.Vibrator;

public class GameView extends SurfaceView implements SurfaceHolder.Callback {

    private static final long DRAW_INTERVAL = 1000 / 60;

    private static final int MISSILE_LAUNCH_WEIGHT = 50;

    private static final float SCORE_TEXT_SIZE = 60.0f;

+   private static final long VIBRATION_LENGTH_HIT_MISSILE = 100;   ①
+   private static final long VIBRATION_LENGTH_HIT_DROID = 1000;

    private Droid droid;
    private final List<BaseObject> missileList = new ArrayList<>();
    private final List<BaseObject> bulletList = new ArrayList<>();

    // 省略
```

```
+       private final Vibrator vibrator;

        public GameView(Context context) {
            super(context);

+           vibrator = (Vibrator) context.getSystemService(Context.VIBRATOR_SERVICE);    ②

            paintScore.setColor(Color.BLACK);
            paintScore.setTextSize(SCORE_TEXT_SIZE);
            paintScore.setAntiAlias(true);

            getHolder().addCallback(this);
        }
```

①バイブレーションする時間を定数で追加する（単位はミリ秒）
②バイブレーションを実行する準備をする

バイブレーション処理を追加する

GameView.javaを**リスト8-22**のように変更します。

○リスト8-22：GameView.java

```
        private void drawGame(Canvas canvas) {
            // 省略

            for (int i = 0; i < missileList.size(); i++) {
                BaseObject missile = missileList.get(i);

                if (droid.isHit(missile)) {
                    missile.hit();
                    droid.hit();

+                   vibrator.vibrate(VIBRATION_LENGTH_HIT_DROID);    ②

                    handler.post(new Runnable() {
                        @Override
                        public void run() {
                            eventCallback.onGameOver(score);
                        }
                    });

                    break;

                }

                for (int j = 0; j < bulletList.size(); j++) {
                    BaseObject bullet = bulletList.get(j);

                    if (bullet.isHit(missile)) {
                        missile.hit();
                        bullet.hit();
```

```
+                        vibrator.vibrate(VIBRATION_LENGTH_HIT_MISSILE);    ①
                        score += 10;
                    }
                }
            }
            droid.draw(canvas);

            canvas.drawText("Score: " + score, 0, SCORE_TEXT_SIZE, paintScore);
        }
```

①弾がミサイルに当たったらVIBRATION_LENGTH_HIT_MISSILEで設定した時間、バイブレーションする

②ミサイルが自機に当たったらVIBRATION_LENGTH_HIT_DROIDで設定した時間、バイブレーションする

実行 前のステップと表示内容は変わりませんが、ミサイルに弾が当たるたびにAndroid端末が短くバイブレーションをします。また、ミサイルが自機に命中したときは、長い時間バイブレーションをしてゲームオーバーを知らせます。

8-10 都市を追加する

現在は自機にミサイルが当たればゲームオーバーですが、自機は小さいのでなかなかゲームオーバーにはなりません。自機の下に都市を配置して、ミサイルが都市に当たってもゲームオーバーになるようにします。

Cityクラスを作成する

BaseObject.javaを**リスト8-23**のように変更します。

◯リスト8-23：BaseObject.java

```
enum Type {
    Droid,
    Bullet,
    Missile,
    City,      ①
}
```

①タイプCityを追加する

新しいクラスCityを作成して、**リスト8-24**のようにプログラムします。

◯リスト8-24：City.java

```
package io.keiji.shooting;

import android.graphics.Canvas;
import android.graphics.Color;
import android.graphics.Paint;
import android.graphics.Rect;

public class City {
public class City extends BaseObject {      ①

    private static final int CITY_HEIGHT = 80;

    private final Paint paint = new Paint();

    public final Rect rect;

    public City(int width, int height) {

        int left = 0;
        int top = height - CITY_HEIGHT;
        int right = width;
        int bottom = height;
        rect = new Rect(left, top, right, bottom);
```

```
+                yPosition = rect.centerY();        ┐
+                xPosition = rect.centerX();        ┘ ④
+
+            paint.setColor(Color.LTGRAY);
+        }
+
+        @Override
+        public boolean isHit(BaseObject object) {   ┐
+            if (object.getType() != Type.Missile) { │
+                return false;                       │
+            }                                       │ ⑦
+                                                    │
+            int x = Math.round(object.xPosition);   │
+            int y = Math.round(object.yPosition);   │
+            return rect.contains(x, y);             │
+        }                                           ┘
+
+        @Override
+        public Type getType() {         ┐
+            return Type.City;           │ ②
+        }                               ┘
+
+        @Override
+        public void draw(Canvas canvas) {       ┐
+            if (state != STATE_NORMAL) {        │
+                return;                         │ ⑥
+            }                                   │
+            canvas.drawRect(rect, paint);       │
+        }                                       ┘
+
+        @Override
+        public void move() {        ┐
+        }                           ┘ ⑤
    }
```

① BaseObjectを継承する

② タイプとしてCITYを返す

③ 表示する位置は画面の下端、CITY_HEIGHT分の高さで横幅全体に表示する

④ BaseObjectのxPositionとyPositionを、それぞれ描画位置の中心に設定する

⑤ Cityは位置を変えないので、moveメソッドには何もプログラムしない

⑥ drawメソッドは、状態がNORMALのときだけCITY_HEIGHT分の高さを持つ四角形を描画する

⑦ isHitメソッドは、引数のBaseObjectの位置が自身のrect内に含まれるかで当たったと判定する

GameViewでCityを表示する

GameView.javaをリスト8-25のように変更します。

○リスト8-25：GameView.java

```
public class GameView extends SurfaceView implements SurfaceHolder.Callback {
    // 省略

    private Droid droid;
+   private City city;
    private final List<BaseObject> missileList = new ArrayList<>();
    private final List<BaseObject> bulletList = new ArrayList<>();

    // 省略

    private void drawGame(Canvas canvas) {
        canvas.drawColor(Color.WHITE);

        int width = canvas.getWidth();
        int height = canvas.getHeight();

        if (droid == null) {
            Bitmap droidBitmap = BitmapFactory.decodeResource(getResources(),
                R.drawable.droid);
            droid = new Droid(droidBitmap, width, height);
+           city = new City(width, height);          ①
        }

        // 省略

        for (int i = 0; i < missileList.size(); i++) {
            BaseObject missile = missileList.get(i);
-           if (droid.isHit(missile)) {
+           if (droid.isHit(missile) || city.isHit(missile)) {     ②
                missile.hit();
                droid.hit();
+               city.hit();

                vibrator.vibrate(VIBRATION_LENGTH_HIT_DROID);
                handler.post(new Runnable() {
                    @Override
                    public void run() {
                        eventCallback.onGameOver(score);
                    }
                });

                break;
            }

            // 省略

        }
```

8-10 都市を追加する 205

```
+       city.draw(canvas);          ③
        droid.draw(canvas);

        canvas.drawText("Score: " + score, 0, SCORE_TEXT_SIZE, paintScore);
    }
```

① drawObject内で都市を作成する
② Droidに加えて都市にミサイルが当たった場合にゲームオーバーの処理を行う
③ droidを描画する前に都市を描画する

実行 自機の下に都市が表示されます。自機と都市、どちらにミサイルが当たってもゲームオーバーになります。

8-11 ゲームの難易度を変化させる

　現在、敵のミサイルは同時に1発ずつしか発射されませんが、スコアに応じて同時に発射するミサイルの数が増えるようにプログラムします。GameView.javaを**リスト8-26**のように変更します。

○ リスト8-26：GameView.java

```
public class GameView extends SurfaceView implements SurfaceHolder.Callback {

    private static final long DRAW_INTERVAL = 1000 / 60;

    private static final int MISSILE_LAUNCH_WEIGHT = 50;

    private static final float SCORE_TEXT_SIZE = 60.0f;

    private static final long VIBRATION_LENGTH_HIT_MISSILE = 100;
    private static final long VIBRATION_LENGTH_HIT_DROID = 1000;
```

```
+       private static final int SCORE_LEVEL = 100;

        private Droid droid;

        // 省略
        private void drawGame(Canvas canvas) {
            canvas.drawColor(Color.WHITE);

            int width = canvas.getWidth();
            int height = canvas.getHeight();

            if (droid == null) {
                Bitmap droidBitmap = BitmapFactory.decodeResource(getResources(),
                    R.drawable.droid);
                droid = new Droid(droidBitmap, width, height);
                city = new City(width, height);
            }

            if (rand.nextInt(MISSILE_LAUNCH_WEIGHT) == 0) {
-               Missile missile = launchMissile(width, height);
-               missileList.add(missile);
+               long count = score / SCORE_LEVEL + 1;
+               for (int i = 0; i < count; i++) {
+                   Missile missile = launchMissile(width, height);
+                   missileList.add(missile);
+               }
            }

            drawObjectList(canvas, missileList, width, height);

            drawObjectList(canvas, bulletList, width, height);
```

①発射するミサイルの数をscoreに応じた数に変更する。ただし必ず1発は発射する

 実行 スコアが増えるにつれ、発射されるミサイルの数も増加します。

8-12 処理などを改善する

ゲーム自体は完成しました。ゲームをするうえで不便なところを調整していきます。

ゲーム画面を縦向きに固定する

開発したゲームアプリの画面の向きはAndroidデバイスの状態に従います。携帯電話のように縦画面の場合は縦に、タブレットなどのように横画面であれば横向きにゲーム画面が表示されます。

仮にAndroidデバイスが画面の自動回転をONにしていると、デバイスの向きを縦横で変えるたびにゲーム画面が回転してゲームがリセットされてしまいます。問題を修正するため、AndroidManifest.xmlを**リスト8-27**のように変更します。

◯リスト8-27：AndroidManifest.xml

```xml
<application
    android:allowBackup="true"
    android:icon="@mipmap/ic_launcher"
    android:label="@string/app_name"
    android:supportsRtl="true"
    android:theme="@style/AppTheme">
-   <activity android:name=".MainActivity">
+   <activity
+       android:name=".MainActivity"
+       android:configChanges="orientation|screenSize|keyboardHidden"  ②
+       android:screenOrientation="portrait">  ①
        <intent-filter>
            <action android:name="android.intent.action.MAIN"/>

            <category android:name="android.intent.category.LAUNCHER"/>
        </intent-filter>
    </activity>
</application>
```

①android:screenOrientation属性でMainActivityをportrait（縦向き）に固定する
②ゲーム中、一時的にホーム画面など他のアプリに切り替わった際に回転などのイベントが発生してゲームが初期化されてしまうのを防ぐ

実行 ゲームは必ず縦画面（portrait）で表示されます。

COLUMN

API Level

Androidにはさまざまなバージョンがあります。それぞれのバージョンには、「Androd 4.4.1」などの正式なバージョン番号とは別に、利用できるAPIを示す「API Level」と呼ばれる番号が割り当てられています。

AndroidのバージョンとAPI Levelは、必ずしも一致していません。例えば、Androidのバージョン4.0、4.0.1と4.0.2の3つのバージョンは、すべ同じAPI Level 14ですが、4.0.3になるとAPI Levelは15になります。

API Levelの値が小さいAndroidでは、そのAPI Levelより値の大きなAPI Levelで追加されたAPIは利用できません。逆に、API Levelが大きいAndroidでは、基本的にはAPI Levelが低いAPIを利用できます[注]。

次の表は、バージョンとAPI Levelの対照表です。

注） ただし、セキュリティやパフォーマンス面で問題があり、非推奨（deprecated）になったり削除されたAPIもあります。

バージョン	API Level	バージョンコード
Android 6.0	23	M
Android 5.1	22	Lollipop_MR1
Android 5.0	21	Lollipop
Android 4.4W	20	KitKat for Wearables Only
Android 4.4	19	KITKAT
Android 4.3	18	JELLY_BEAN_MR2
Android 4.2, 4.2.2	17	JELLY_BEAN_MR1
Android 4.1, 4.1.1	16	JELLY_BEAN
Android 4.0.3, 4.0.4	15	ICE_CREAM_SANDWICH_MR1
Android 4.0, 4.0.1, 4.0.2	14	ICE_CREAM_SANDWICH
Android 3.2	13	HONEYCOMB_MR2
Android 3.1.x	12	HONEYCOMB_MR1
Android 3.0.x	11	HONEYCOMB
Android 2.3.3, 2.3.4	10	GINGERBREAD_MR1
Android 2.3, 2.3.1, 2.3.2	9	GINGERBREAD
Android 2.2.x	8	FROYO
Android 2.1.x	7	ECLAIR_MR1
Android 2.0.1	6	ECLAIR_0_1
Android 2.0	5	ECLAIR
Android 1.6	4	DONUT
Android 1.5	3	CUPCAKE
Android 1.1	2	BASE_1_1
Android 1.0	1	BASE

　AndroidアプリにはminSdkVersionという設定があります。minSdkVersionに、アプリが動作するのに最低限必要なAPI Levelを指定すると、開発したアプリは指定したAPI Levelより下のAndroidデバイスにインストールできなくなります。

　なお、本書のサンプルはすべAPI Level 15以上を対象に開発しています。

Chapter 9

端末の傾きで球を移動する迷路ゲームを作ろう

この章では、迷路（ラビリンス）ゲームを開発します。加速度センサーを使って端末の傾きに応じてボールを移動させ、穴を避けながらゴールに導きます。

9-1 プロジェクトを作成する

最初に、これから開発するアプリのプロジェクトを作成します。

Android Studioを起動した最初の画面で［Start a new Android project］をクリックします。

アプリケーション名とapplicationIdを設定する

プロジェクト作成画面で［Application name］に"Labyrinth"、［Company Domain］に"keiji.io"と入力して［Next］をクリックします。

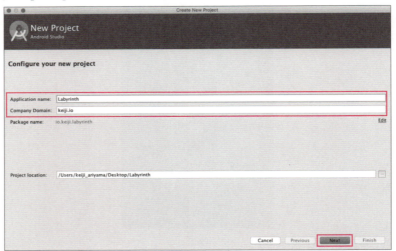

> ここで入力する［Company Domain］は、これから開発するAndroidアプリのパッケージ名（applicationId）の元になります。パッケージ名（applicationId）は［Company Domain］を逆順にしたものになります。
>
> 例えばkeiji.ioは、io.keijiになります。ここで［Package name］に示されている値が、これから開発するAndroidアプリのapplicationIdです。applicationIdは、Androidアプリを識別するためのもので、同じapplicationIdのAndroidアプリは、同時に1つしかインストールできません。

対応バージョンと対象のデバイスを設定する

［Phone and Tablet］にチェックが入っていることを確認します。

［Minimum SDK］に［API 15: Android 4.0.3（IceCreamSandwich）］を選択して［Next］をクリックします。

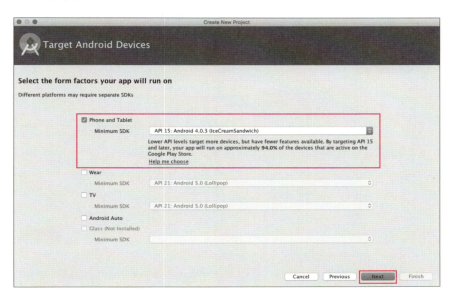

生成するテンプレートを選択する

［Empty Activity］を選択して［Next］をクリックします。

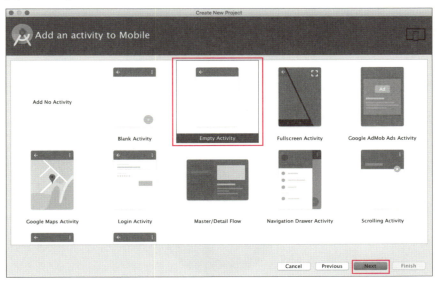

[Empty Activity] は、Android Studioでプロジェクトを作るうえで、もっとも基本となるテンプレートです。
　次に、Activityとレイアウトファイルの名前を入力します。

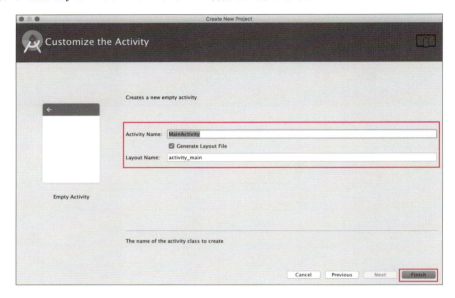

　[Activity Name]が"MainActivity"、[Layout Name]が"activity_main"になっていることを確認して[Finish]をクリックすると、プロジェクトの生成が始まります。プロジェクトの生成には時間がかかる場合があります。また、生成時にはインターネット接続が必要です。

　プロジェクトの生成が完了すると、左側の領域には「Android View」が表示されています。右側は、ファイルの内容を表示して編集するエディタービュー（Editor View）が表示される領域です。

　本書では「Android View」を「Project View」に変更してアプリ開発を進めていきます。Project Viewに変更するには、左上の[Android]メニューから[Project]を選択します。

9-2 ボールを表示する

サンプルファイルをダウンロードする

　開発を進めるアプリのサンプルコードや画像素材をまとめたファイルを用意しているので、本書のサポートページからダウンロードしてください。サポートページのURLは、次のとおりです。

http://gihyo.jp/book/2016/978-4-7741-7859-2

　ファイルはZIP形式で圧縮してあります。ダブルクリックするなどして、デスクトップやマイドキュメントの中に展開してください。

画像ファイルを配置するディレクトリを作成する

　［Project View］の「app/src/main/res」を右クリック→［New］→［Directory］をクリックします。表示されるダイアログに"drawable-xxhdpi"と入力して［OK］をクリックします。

画像ファイルをプロジェクトにコピーする

　エクスプローラー（Macの場合はFinder）から、サンプルに含まれる「images」を開きます。ball.pngを選択して、キーボードの Ctrl キー（Macの場合は Command キー）と C を押すと、コピーの準備が整います。

　先ほど作成したdrawable-xxhdpiをクリックして選択してから Ctrl キー（Macの場合は Command キー）と V を押すと確認画面が表示されます。［OK］ボタンをクリックするとball.pngがコピーされます。

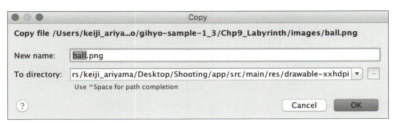

LabyrinthViewクラスを作成する

新しいクラスLabyrinthViewを追加します。Project Viewの「app/src/main/java/io.keiji.labyrinth」にカーソルを合わせて、右クリック→［New］→［Java Class］をクリックします。

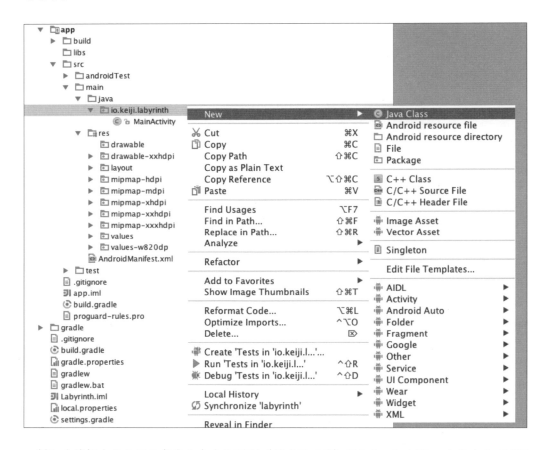

新しく追加するクラス名を入力する画面（ダイアログ）にLabyrinthViewと入力してOKをクリックします。

LabyrinthViewをプログラムする

作成したクラスLabyrinthView.javaをリスト9-1のようにプログラムします。

○リスト9-1：LabyrinthView.java

```java
package io.keiji.labyrinth;

import android.content.Context;
import android.graphics.Bitmap;
import android.graphics.BitmapFactory;
import android.graphics.Canvas;
import android.graphics.Color;
import android.graphics.Paint;
import android.view.SurfaceHolder;
import android.view.SurfaceView;

import java.util.concurrent.atomic.AtomicBoolean;

public class LabyrinthView extends SurfaceView implements SurfaceHolder.Callback {  ①

    private static final int DRAW_INTERVAL = 1000 / 60;

    private final Paint paint = new Paint();

    private final Bitmap ballBitmap;

    public LabyrinthView(Context context) {
        super(context);

        ballBitmap = BitmapFactory.decodeResource(getResources(), R.drawable.ball);    ②

        getHolder().addCallback(this);
    }

    private DrawThread drawThread;

    private class DrawThread extends Thread {    ③
        private final AtomicBoolean isFinished = new AtomicBoolean();

        public void finish() {
            isFinished.set(true);
        }

        @Override
        public void run() {
            SurfaceHolder holder = getHolder();
            while (!isFinished.get()) {
                if (holder.isCreating()) {
                    continue;
                }
                Canvas canvas = holder.lockCanvas();    ④
                if (canvas == null) {
                    continue;
                }

                drawLabyrinth(canvas);

                holder.unlockCanvasAndPost(canvas);    ⑦
```

```java
                    synchronized (this) {
                        try {
                            wait(DRAW_INTERVAL);    ⑤
                        } catch (InterruptedException e) {
                        }
                    }
                }
            }
        }
        public void startDrawThread() {
            stopDrawThread();

            drawThread = new DrawThread();
            drawThread.start();
        }
        public boolean stopDrawThread() {
            if (drawThread == null) {
                return false;
            }

            drawThread.finish();
            drawThread = null;
            return true;
        }

        @Override
        public void surfaceCreated(SurfaceHolder holder) {
            startDrawThread();          ⑥
        }

        @Override
        public void surfaceChanged(SurfaceHolder holder, int format, int width, int height) {
        }

        @Override
        public void surfaceDestroyed(SurfaceHolder holder) {
            stopDrawThread();           ⑥
        }
        public void drawLabyrinth(Canvas canvas) {
            canvas.drawColor(Color.BLACK);

            canvas.drawBitmap(ballBitmap, 50, 50, paint);    ⑧
        }
}
```

① SurfaceViewを継承し、SurfaceHolder.Callback を implements する
② 初期化時に ball.png を Bitmap オブジェクトとして読み込み、SurfaceHolder を初期化する
③ DrawThread は、isFinished が true になるまで描画処理を繰り返す。複数スレッドから同時にアクセスしたときに正しい値を返すために AtomicBoolean を用いる
④ SurfaceView クラスは getHolder メソッドで SurfaceHolder オブジェクトを取得した後、lockCanvas メソッドで描画用の Canvas オブジェクトを取得する
⑤ 描画と描画の間隔に DRAW_INTERVAL 分のミリ秒を待機する

⑥ SurfaceHolder.Callback の surfaceChanged で startDrawThread を、surfaceDestroyed で stopDrawThread を呼び出す。これによって SurfaceView の描画開始タイミングに合わせて描画用のスレッドを開始、停止する
⑦ Canvas オブジェクトに描画した後、unlockCanvasAndPost を実行することで実際に画面に反映する
⑧ 描画をする drawLabyrinth メソッドは ball.png を縦 50、横 50 の固定位置に表示する

LabyrinthView を表示する

MainActivity.java を**リスト 9-2** のようにプログラムします。

○ リスト 9-2：MainActivity.java

```
package io.keiji.labyrinth;
import android.os.Bundle;
import android.support.v7.app.AppCompatActivity;
public class MainActivity extends AppCompatActivity {
+   private LabyrinthView labyrinthView;
    @Override
    protected void onCreate(Bundle savedInstanceState) {
    super.onCreate(savedInstanceState);
+       labyrinthView = new LabyrinthView(this);   ①
-       setContentView(R.layout.activity_main);
+       setContentView(labyrinthView);             ②
    }
}
```

① LabyrinthView のインスタンスを作成している
② setContentView に指定していたレイアウトファイルへの参照を LabyrinthView のインスタンスに変更している

実行 ボールの画像（ball.png）が画面の左上、50 ピクセルの位置に表示されます。

9-3 加速度センサーから取得した情報を表示する

ラビリンスゲームは、Androidデバイスの加速度センサーを使って傾きを検知して、傾いた方向にボールを動かします。

このステップでは実際にボールの動きに反映する前に、加速度センサーから得られる値を画面に表示します。

LabyrinthView.javaを**リスト9-3**のように変更します。

○リスト9-3：LabyrinthView.java

```java
package io.keiji.labyrinth;

import android.hardware.Sensor;
import android.hardware.SensorEvent;
import android.hardware.SensorEventListener;
import android.hardware.SensorManager;

public class LabyrinthView extends SurfaceView implements SurfaceHolder.Callback {

    private static final int DRAW_INTERVAL = 1000 / 60;
    private static final float TEXT_SIZE = 40f;

    private final Paint paint = new Paint();
    private final Paint textPaint = new Paint();

    private final Bitmap ballBitmap;

    public LabyrinthView(Context context) {
        super(context);

        textPaint.setColor(Color.WHITE);
        textPaint.setTextSize(TEXT_SIZE);

        ballBitmap = BitmapFactory.decodeResource(getResources(), R.drawable.ball);

        getHolder().addCallback(this);
    }

    // 省略

    public boolean stopDrawThread() {
        if (drawThread == null) {
            return false;
        }

        drawThread.finish();
        drawThread = null;
        return true;
    }

    private float[] sensorValues;

    private final SensorEventListener sensorEventListener = new SensorEventListener() {
        @Override
```

```java
        public void onSensorChanged(SensorEvent event) {
            sensorValues = event.values;        ⑤
        }

        @Override
        public void onAccuracyChanged(Sensor sensor, int accuracy) {

        }
    };

    public void startSensor() {    ④
        sensorValues = null;

        SensorManager sensorManager =
            (SensorManager) getContext().getSystemService(Context.SENSOR_SERVICE);
        Sensor accelerometer = sensorManager.getDefaultSensor(Sensor.TYPE_ACCELEROMETER);
        sensorManager.registerListener(
            sensorEventListener, accelerometer, SensorManager.SENSOR_DELAY_GAME);
    }

    public void stopSensor() {    ④
        SensorManager sensorManager =
            (SensorManager) getContext().getSystemService(Context.SENSOR_SERVICE);
        sensorManager.unregisterListener(sensorEventListener);
    }

    @Override
    public void surfaceCreated(SurfaceHolder holder) {
        startDrawThread();
    }
    @Override
    public void surfaceChanged(SurfaceHolder holder, int format, int width, int height) {
    }
    @Override
    public void surfaceDestroyed(SurfaceHolder holder) {
        stopDrawThread();
    }

    public void drawLabyrinth(Canvas canvas) {
        canvas.drawColor(Color.BLACK);

        canvas.drawBitmap(ballBitmap, 50, 50, paint);

        if (sensorValues != null) {
            canvas.drawText("sensor[0] = " + sensorValues[0], 10, 150, textPaint);
            canvas.drawText("sensor[1] = " + sensorValues[1], 10, 200, textPaint);    ③
            canvas.drawText("sensor[2] = " + sensorValues[2], 10, 250, textPaint);
        }
    }
}
```

① SensorEventListener を implements する
② センサー情報表示に用いるサイズや色を設定する
③ drawLabyrinth メソッドの最後で sensorValues の内容を表示する。センサーが有効になり最初の値が来るまでは sensorValues は null となるので null の場合は表示しない

9-3 加速度センサーから取得した情報を表示する　　221

④startSensorメソッドで加速度センサーを有効にしてstopSensorメソッドで無効にする
⑤加速度センサーの値は、SensorEventListenerのonSensorChangedメソッドで受け取り、センサーの値をsensorValuesに代入する

次に、MainActivity.javaを**リスト9-4**のように変更します。

○リスト9-4：MainActivity.java

```
@Override
protected void onCreate(Bundle savedInstanceState) {
    super.onCreate(savedInstanceState);

    labyrinthView = new LabyrinthView(this);
+   labyrinthView.startSensor();            ①
    setContentView(labyrinthView);
}
```

①加速度センサーを有効にする

実行 ボールの画像に加えて、加速度センサーから取得した値が画面に表示されます。

COLUMN

センサーの値

加速度センサーはX、Y、Zの3軸の値が取得できます。センサーの値はSensorEventのvaluesとしてfloat型の配列として得られます。配列の要素は0番目がX軸、1番目がY軸、2番目がZ軸に対応します。

9-3の実行結果画面（左ページ）はNexus 5を平たい机に置いたときの表示です。2番目の要素（Z軸）が地球の重力加速度（9.80665）に近い値を示しています。

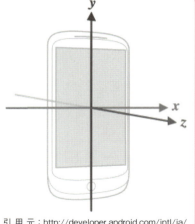

引用元：http://developer.android.com/intl/ja/reference/android/hardware/SensorEvent.html

9-4 センサーの値を安定させる

加速度センサーから情報を取得できましたが、Androidデバイスに搭載されているセンサーにはノイズが混じり値が安定しません。ローパスフィルターを使ってセンサーから取得した値を安定させます。

○リスト9-5：LabyrinthView.java

```
+   private static final float ALPHA = 0.8f;
    private float[] sensorValues;

    private final SensorEventListener sensorEventListener = new SensorEventListener() {
        @Override
        public void onSensorChanged(SensorEvent event) {
-           sensorValues = event.values;
+           if (sensorValues == null) {
+               sensorValues = new float[3];
+               sensorValues[0] = event.values[0];
+               sensorValues[1] = event.values[1];
+               sensorValues[2] = event.values[2];
+               return;
+           }
+           sensorValues[0] = sensorValues[0] * ALPHA + event.values[0] * (1f - ALPHA);
+           sensorValues[1] = sensorValues[1] * ALPHA + event.values[1] * (1f - ALPHA);
+           sensorValues[2] = sensorValues[2] * ALPHA + event.values[2] * (1f - ALPHA);
        }
        @Override
        public void onAccuracyChanged(Sensor sensor, int accuracy) {
        }
    };
```

①最初の値はそのままセンサーの値とする
②センサーの値が更新されたときに値をそのまま書き替えるのではなく、現在の値と変化後の値を特定の割合で採用することで急激な変化を抑制する

 見た目は変わりませんが、表示されるセンサーの値の変化が緩やかになります。

COLUMN

センサーとローパスフィルタ

次の2つのグラフは、Androidデバイスから得られたセンサーデータ500件をグラフにしたものです。

●フィルターなし

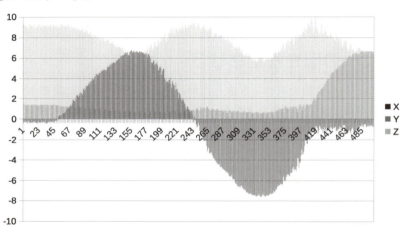

●フィルターを経由（ALPHA=0.9）

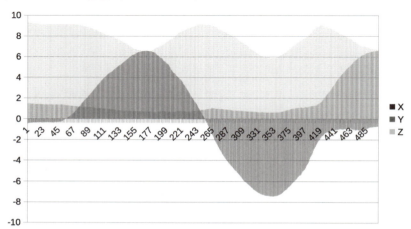

どちらも同じデータを元に、それぞれフィルターなしとフィルターを適用した後の値をグラフにしています。フィルターなしがギザギザしているのに比べて、フィルターありのグラフはなめらかに変化しています。

このように、ローパスフィルターを通すことで、ノイズや急激な値の変化を抑制することができます。しかし、センサーの値が実際に大きく変化をしたときでも、その変化が反映されるまでに時間がかかるため、反応が悪くなるという副作用もあります。

9-5 センサーに連動させてボールを動かす

センサーの値をボールの座標に反映します。LabyrinthView.javaを**リスト9-6**のように変更します。

○**リスト9-6：LabyrinthView.java**

```java
public class LabyrinthView extends SurfaceView implements SurfaceHolder.Callback {
    private static final float ACCEL_WEIGHT = 3f;

    private static final int DRAW_INTERVAL = 1000 / 60;
    private static final float TEXT_SIZE = 40f;

    private final Paint paint = new Paint();
    private final Paint textPaint = new Paint();

    private final Bitmap ballBitmap;
    private float ballX;         ─┐
    private float ballY;         ─┘ ①

    public LabyrinthView(Context context) {
        super(context);

        textPaint.setColor(Color.WHITE);
        textPaint.setTextSize(TEXT_SIZE);

        ballBitmap = BitmapFactory.decodeResource(getResources(), R.drawable.ball);

        getHolder().addCallback(this);
    }

    // 省略

    private final SensorEventListener sensorEventListener = new SensorEventListener() {
        @Override
        public void onSensorChanged(SensorEvent event) {
            if (sensorValues == null) {
                sensorValues = new float[3];
                sensorValues[0] = event.values[0];
                sensorValues[1] = event.values[1];
                sensorValues[2] = event.values[2];
                return;
            }
```

```
            sensorValues[0] = sensorValues[0] * ALPHA + event.values[0] * (1f - ALPHA);
            sensorValues[1] = sensorValues[1] * ALPHA + event.values[1] * (1f - ALPHA);
            sensorValues[2] = sensorValues[2] * ALPHA + event.values[2] * (1f - ALPHA);
+           ballX += -sensorValues[0] * ACCEL_WEIGHT;
+           ballY += sensorValues[1] * ACCEL_WEIGHT;                                    ②
        }

        @Override
        public void onAccuracyChanged(Sensor sensor, int accuracy) {
        }
    };

    // 省略

    public void drawLabyrinth(Canvas canvas) {
        canvas.drawColor(Color.BLACK);
-       canvas.drawBitmap(ballBitmap, 50, 50, paint);
+       canvas.drawBitmap(ballBitmap, ballX, ballY, paint);

        if (sensorValues != null) {
            canvas.drawText("sensor[0] = " + sensorValues[0], 10, 150, textPaint);
            canvas.drawText("sensor[1] = " + sensorValues[1], 10, 200, textPaint);
            canvas.drawText("sensor[2] = " + sensorValues[2], 10, 250, textPaint);
        }
    }
}
```

①ボールを表示する位置を、クラスフィールドballXとballYに変更する

②センサーのX／Y軸の値を、ballXとballYに加算する。その際、X軸の値には-1をかけて正負を反転する

実行 Android端末を傾けると、画面上のボールが傾けた方向に移動します。

9-6 背景にマップを表示する

ラビリンスゲームにはマップが必要です。まず、背景にマップを表示をする準備をします。

Mapクラスを作成する

新しいクラスMapを作成して、リスト9-7のようにプログラムします。

○リスト9-7：Map.java

```java
package io.keiji.labyrinth;

import android.graphics.Canvas;
import android.graphics.Color;
import android.graphics.Paint;
import android.graphics.Rect;

import java.util.Random;

public class Map {
    private final int blockSize;
    private int horizontalBlockCount;
    private int verticalBlockCount;

    private final Block[][] blockArray;

    public Map(int width, int height, int blockSize) {
        this.blockSize = blockSize;
        this.horizontalBlockCount = width / blockSize;
        this.verticalBlockCount = height / blockSize;

        blockArray = createMap(0);
    }

    private Block[][] createMap(int seed) {
        Random rand = new Random(seed);

        Block[][] array = new Block[verticalBlockCount][horizontalBlockCount];

        for (int y = 0; y < verticalBlockCount; y++) {
            for (int x = 0; x < horizontalBlockCount; x++) {
                int type = rand.nextInt(2);
                int left = x * blockSize + 1;
                int top = y * blockSize + 1;
                int right = left + blockSize - 2;
                int bottom = top + blockSize - 2;
                array[y][x] = new Block(type, left, top, right, bottom);
            }
        }
        return array;
    }

    void draw(Canvas canvas) {
        int yLength = blockArray.length;
```

```java
            for (int y = 0; y < yLength; y++) {
                int xLength = blockArray[y].length;
                for (int x = 0; x < xLength; x++) {
                    blockArray[y][x].draw(canvas);   ④
                }
            }
        }

        static class Block {
            private static final int TYPE_FLOOR = 0;
            private static final int TYPE_WALL = 1;

            private static final int COLOR_FLOOR = Color.GRAY;
            private static final int COLOR_WALL = Color.BLACK;

            private final int type;
            private final Paint paint;

            final Rect rect;

            private Block(int type, int left, int top, int right, int bottom) {
                this.type = type;
                paint = new Paint();

                switch (type) {
                    case TYPE_FLOOR:
                        paint.setColor(COLOR_FLOOR);
                        break;
                    case TYPE_WALL:
                        paint.setColor(COLOR_WALL);
                        break;
                }

                rect = new Rect(left, top, right, bottom);
            }

            private void draw(Canvas canvas) {
                canvas.drawRect(rect, paint);
            }
        }
}
```

① Mapクラスはコンストラクタでマップを表示する大きさ(横幅、高さ)とブロックのサイズを受け取る。縦横のブロック数を計算したあと、マップを生成する

② Blockクラスは、Mapを構成する1つのブロックを表す。Blockクラスのタイプには、床(Floor)と壁(Wall)があり、それぞれ描画する色が異なる

③ createMapメソッドで縦横のブロック数分のBlockオブジェクトを生成して2次元配列blockに保持する。その際、Blockオブジェクトのタイプはランダムで決定する

④ drawメソッドで、すべのBlock描画する

LabyrinthViewでMapを表示する

LabyrinthView.javaをリスト9-8のように変更します。

○リスト9-8：LabyrinthView.java

```
public class LabyrinthView extends SurfaceView implements SurfaceHolder.Callback {

    // 省略

    private final Bitmap ballBitmap;
    private float ballX;
    private float ballY;

+   private Map map;

    public LabyrinthView(Context context) {
        super(context);

        textPaint.setColor(Color.WHITE);
        textPaint.setTextSize(TEXT_SIZE);
        ballBitmap = BitmapFactory.decodeResource(getResources(), R.drawable.ball);
        getHolder().addCallback(this);
    }

    // 省略

    public void drawLabyrinth(Canvas canvas) {
        canvas.drawColor(Color.BLACK);

+       int blockSize = ballBitmap.getHeight();
+       if (map == null) {
+           map = new Map(canvas.getWidth(), canvas.getHeight(), blockSize);    ①
+       }

+       map.draw(canvas);
        canvas.drawBitmap(ballBitmap, ballX, ballY, paint);

        if (sensorValues != null) {
            canvas.drawText("sensor[0] = " + sensorValues[0], 10, 150, textPaint);
            canvas.drawText("sensor[1] = " + sensorValues[1], 10, 200, textPaint);
            canvas.drawText("sensor[2] = " + sensorValues[2], 10, 250, textPaint);
        }
    }
}
```

①Mapの縦横は描画をするCanvasのサイズ、Blockのサイズにボールの画像サイズを設定する

実行 背景に壁と床が塗り分けられたマップとボールの画像が表示されます。Android端末を傾けると画面上のボールが傾けた方向に移動しますが、壁にぶつかって動きを変えることはありません。

9-7 迷路を生成する

前のステップでは、マップに表示する壁と床はランダムで決定していました。

ラビリンスはスタートからゴールまで迷路を解きながらボールを転がすゲームです。しかし、壁と床をランダムで決めてしまうと、クリアができないマップを生成してしまいます。

このステップで「クリアできるマップ」を生成するようにします。

LabyrinthGeneratorクラスを作成する

新しいクラスLabyrinthGeneratorを作成して**リスト9-9**のようにプログラムします。

○リスト9-9：LabyrinthGenerator.java

```java
package io.keiji.labyrinth;

import java.util.ArrayList;
import java.util.Arrays;
import java.util.List;
import java.util.Random;

public class LabyrinthGenerator {

    public static final int FLOOR = 0;
    public static final int WALL = 1;
    public static final int INNER_WALL = -1;

    public enum Direction {
        TOP,
        LEFT,
        RIGHT,
        BOTTOM,
    }
```

```java
    public static int[][] getMap(
            int horizontalBlockCount, int verticalBlockCount, int seed) {

        int[][] result = new int[verticalBlockCount][horizontalBlockCount];

        for (int y = 0; y < verticalBlockCount; y++) {
            for (int x = 0; x < horizontalBlockCount; x++) {
                if (y == 0 || y == verticalBlockCount - 1) {
                    result[y][x] = WALL;
                } else if (x == 0 || x == horizontalBlockCount - 1) {
                    result[y][x] = WALL;
                } else if (x > 1 && x % 2 == 0 && y > 1 && y % 2 == 0) {
                    result[y][x] = INNER_WALL;
                } else {
                    result[y][x] = FLOOR;
                }
            }
        }

        return generateLabyrinth(horizontalBlockCount, verticalBlockCount, result, seed);
    }

    private static int[][] generateLabyrinth(
            int horizontalBlockCount, int verticalBlockCount, int[][] map, int seed) {
        Random rand = new Random(seed);

        for (int y = 0; y < verticalBlockCount; y++) {
            for (int x = 0; x < horizontalBlockCount; x++) {
                if (map[y][x] == INNER_WALL) {
                    List<Direction> directionList = new ArrayList<>(Arrays.asList(
                            Direction.LEFT,
                            Direction.RIGHT,
                            Direction.BOTTOM));

                    if (y == 1) {
                        directionList = new ArrayList<>(Arrays.asList(
                                Direction.TOP,
                                Direction.LEFT,
                                Direction.RIGHT,
                                Direction.BOTTOM));
                    }

                    do {
                        Direction direction =
                                directionList.get(rand.nextInt(directionList.size()));
                        if (setDirection(y, x, direction, map)) {
                            break;
                        } else {
                            directionList.remove(direction);
                        }
                    } while (directionList.size() > 0);
                }
            }
        }

        return map;
    }
```

9-7 迷路を生成する

```java
    private static boolean setDirection(int y, int x, Direction direction, int[][] map) {
        map[y][x] = WALL;

        switch (direction) {
            case LEFT:
                x -= 1;
                break;
            case RIGHT:
                x += 1;
                break;
            case BOTTOM:
                y += 1;
                break;
            case TOP:
                y -= 1;
                break;
        }

        if (x < 0 || y < 0 || x >= map[0].length || y >= map.length) {
            return false;
        }

        if (map[y][x] == WALL) {
            return false;
        }

        map[y][x] = WALL;

        return true;
    }
}
```

> **COLUMN**
>
> ## 迷路生成アルゴリズム
>
> 　迷路を自動で生成するアルゴリズムにはさまざまなものがありますが、本書で紹介しているラビリンスゲームでは「棒倒し法」というアルゴリズムを使用しています。
>
> 　棒倒し法は、まず、迷路に中壁を設定します。そして内壁1つにつきランダムで1方向に、それぞれ壁を作ることを繰り返して迷路を作成します。
>
> 　マップに内壁を設定します。内壁は1つおきに設定します。
>
>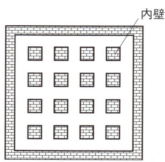

次に壁を作ります。壁は必ず内壁の上下左右のどれか1方向に設定します。内壁から2方向以上には設定しません。また、すでに壁が設定されている方向にも壁は設定しません。

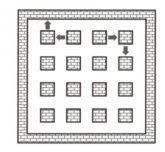

2段目以降の内壁に壁を設定します。この際、2段目以降は上側には壁を設定しません。

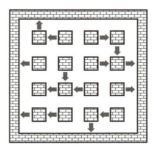

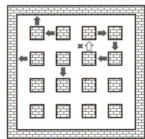

2段目から上側に壁の設定を許可した場合、次のようなパターンで、壁に囲まれた閉鎖路ができてしまいます。

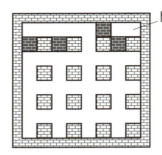

閉鎖路

また、この方法をそのまま使う場合、縦横のタイル数は必ず奇数に設定する必要があります。偶数の場合、壁に囲まれた閉鎖路ができてしまいます。

LabyrinthGeneratorでMapを作成する

Map.javaを**リスト9-10**のように変更します。

◯リスト9-10：Map.java

```
    private static Block[][] createMap(int seed) {
        Random rand = new Random(seed);
        if (horizontalBlockCount % 2 == 0) {
            horizontalBlockCount--;
        }                                                 ①
        if (verticalBlockCount % 2 == 0) {
            verticalBlockCount--;
        }
        Block[][] array = new Block[verticalBlockCount][horizontalBlockCount];
        int[][] map =
            LabyrinthGenerator.getMap(horizontalBlockCount, verticalBlockCount, seed);   ②

        for (int y = 0; y < verticalBlockCount; y++) {
            for (int x = 0; x < horizontalBlockCount; x++) {
                int type = rand.nextInt(2);
                int type = map[y][x];                     ③
                int left = x * blockSize + 1;
                int top = y * blockSize + 1;
                int right = left + blockSize - 2;
                int bottom = top + blockSize - 2;
                array[y][x] = new Block(type, left, top, right, bottom);
            }
        }
        return array;
    }
```

①縦横のブロック数が偶数であれば1を減算して奇数にする。これは今回の迷路生成アルゴリズムでマップを生成する場合、奇数個でないと正しくマップが生成できないため

②LabyrinthGeneratorのgetMapメソッドにシードと生成するマップの横縦のブロック数を与えると、それぞれのブロックの種類が入力されたintの2次元配列を返す

③Blockの生成時にランダムで決定していた種別を、LabyrinthGeneratorで生成したものを入力するように変更する

実行 背景に壁と床が塗り分けられたマップが表示されます。閉じてしまった通路が存在せず、クリア可能なマップが表示されます。生成されるマップは指定するシード（seed）によって変わります。Androidデバイスを傾けると、画面上のボールが傾けた方向に移動します。Android端末を傾けると画面上のボールが傾けた方向に移動しますが、壁にぶつかって動きを変えることはありません。

9-8 壁の当たり判定を導入する

　前のステップで迷路の生成ができました。しかし今はボールは壁をすり抜けて自由に動き回ることができます。壁は通り抜けられないように、ボールと壁の当たり判定をプログラムします。

Ballクラスを作成する

　新しいクラスBallを作成してリスト9-11のようにプログラムします。

○リスト9-11：Ball.java

```
package io.keiji.labyrinth;

import android.graphics.Bitmap;
import android.graphics.Canvas;
import android.graphics.Paint;
import android.graphics.RectF;

public class Ball {

    private final Paint paint = new Paint();

    private final Bitmap ballBitmap;

    private final RectF rect;

    public interface OnMoveListener {
        int getCanMoveHorizontalDistance(RectF ballRect, int xOffset);

        int getCanMoveVerticalDistance(RectF ballRect, int yOffset);
    }
```

②

```
+        private final OnMoveListener listener;

+        public Ball(Bitmap bmp, int left, int top, OnMoveListener listener) {
+            ballBitmap = bmp;

+            int right = left + bmp.getWidth();
+            int bottom = top + bmp.getHeight();
+            rect = new RectF(left, top, right, bottom);

+            this.listener = listener;
+        }

+        void draw(Canvas canvas) {
+            canvas.drawBitmap(ballBitmap, rect.left, rect.top, paint);    ─① 
+        }

+        void move(float xOffset, float yOffset) {
+            xOffset = listener.getCanMoveHorizontalDistance(rect, Math.round(xOffset));
+            rect.offset(xOffset, 0);

+            yOffset = listener.getCanMoveVerticalDistance(rect, Math.round(yOffset));
+            rect.offset(0, yOffset);
+        }
}
```

①これまでLabyrinthViewが担当していたball.pngの表示部分

②OnMoveCallbackインターフェースを追加する。getCanMoveHorizontalDistanceとgetCanMoveVerticalDistanceは、移動を希望する距離と実際に動くことのできる距離を取得する

③moveメソッドでボールの位置を変更する。ボールの移動量を縦（yOffset）と横（xOffset）で分離し、それぞれgetCanMoveHorizontalDistanceとgetCanMoveVerticalDistanceで移動量を取得する

ボールと壁の当たり判定をプログラムする

Map.javaをリスト9-12のように変更します。

○リスト9-12：Map.java

```
package io.keiji.labyrinth;

+ import android.graphics.RectF;

- public class Map {
+ public class Map implements Ball.OnMoveListener {

    // 省略

    void draw(Canvas canvas) {
        int yLength = blockArray.length;
        for (int y = 0; y < yLength; y++) {
            int xLength = blockArray[y].length;
```

```
            for (int x = 0; x < xLength; x++) {
                blockArray[y][x].draw(canvas);
            }
        }
    }

    private boolean canMove(Rect movedRect) {
        int yLength = blockArray.length;
        for (int y = 0; y < yLength; y++) {
            int xLength = blockArray[0].length;
            for (int x = 0; x < xLength; x++) {
                Block block = blockArray[y][x];
                if (block.type ==
                        Block.TYPE_WALL && Rect.intersects(block.rect, movedRect)) {
                    return false;
                }
            }
        }
        return true;
    }

    private final Rect tempBallRect = new Rect();
    @Override
    public int getCanMoveHorizontalDistance(RectF ballRect, int xOffset) {
        int result = xOffset;

        ballRect.round(tempBallRect);
        tempBallRect.offset(xOffset, 0);

        int align = 1;
        if (xOffset < 0) {
            align = -1;
        }

        while (!canMove(tempBallRect)) {
            tempBallRect.offset(-align, 0);
            result -= align;
        }

        return result;
    }

    @Override
    public int getCanMoveVerticalDistance(RectF ballRect, int yOffset) {
        int result = yOffset;

        ballRect.round(tempBallRect);
        tempBallRect.offset(0, yOffset);

        int align = 1;
        if (yOffset < 0) {
            align = -1;
        }
```

9-8 壁の当たり判定を導入する　237

```
+            while (!canMove(tempBallRect)) {
+                tempBallRect.offset(0, -align);
+                result -= align;
+            }
+
+            return result;
+        }
```

①所定の位置に移動した場合に、壁にぶつからないかを確認する
②2つのメソッドの処理はほぼ共通。横（X軸）と縦（Y軸）を分離している。移動して壁にぶつかる場合は移動量を減らしながら試行し、実際に移動できる量を調べる

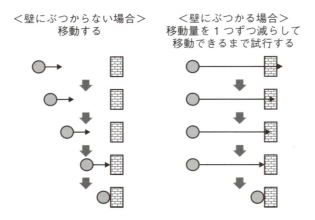

BallをLabyrinthViewで表示する

LabyrinthView.javaを**リスト9-13**のように変更します。

○リスト9-13：LabyrinthView.java

```
 private final Bitmap ballBitmap;
-private float ballX;
-private float ballY;
+private Ball ball;
 private Map map;

 public LabyrinthView(Context context) {
     super(context);

     textPaint.setColor(Color.WHITE);
     textPaint.setTextSize(TEXT_SIZE);

     ballBitmap = BitmapFactory.decodeResource(getResources(), R.drawable.ball);

     getHolder().addCallback(this);
 }

 // 省略
```

```
  private static final float ALPHA = 0.8f;
  private float[] sensorValues;

  private final SensorEventListener sensorEventListener = new SensorEventListener() {
      @Override
      public void onSensorChanged(SensorEvent event) {
          if (sensorValues == null) {
              sensorValues = new float[3];
              sensorValues[0] = event.values[0];
              sensorValues[1] = event.values[1];
              sensorValues[2] = event.values[2];
              return;
          }

          sensorValues[0] = sensorValues[0] * ALPHA + event.values[0] * (1f - ALPHA);
          sensorValues[1] = sensorValues[1] * ALPHA + event.values[1] * (1f - ALPHA);
          sensorValues[2] = sensorValues[2] * ALPHA + event.values[2] * (1f - ALPHA);
-         ballX += -sensorValues[0] * ACCEL_WEIGHT;
-         ballY +=  sensorValues[1] * ACCEL_WEIGHT;
+         if (ball != null) {
+             float xOffset = -sensorValues[0] * ACCEL_WEIGHT;
+             float yOffset =  sensorValues[1] * ACCEL_WEIGHT;
+             ball.move(xOffset, yOffset);     ①
+         }
      }
      @Override
      public void onAccuracyChanged(Sensor sensor, int accuracy) {
      }
  };

  // 省略

  public void drawLabyrinth(Canvas canvas) {
      canvas.drawColor(Color.BLACK);

      int blockSize = ballBitmap.getHeight();
      if (map == null) {
          map = new Map(canvas.getWidth(), canvas.getHeight(), blockSize);
      }
+     if (ball == null) {
+         ball = new Ball(ballBitmap, blockSize, blockSize, map);
+     }

      map.draw(canvas);
-     canvas.drawBitmap(ballBitmap, ballX, ballY, paint);
+     ball.draw(canvas);     ②

      if (sensorValues != null) {
          canvas.drawText("sensor[0] = " + sensorValues[0], 10, 150, textPaint);
          canvas.drawText("sensor[1] = " + sensorValues[1], 10, 200, textPaint);
          canvas.drawText("sensor[2] = " + sensorValues[2], 10, 250, textPaint);
      }
  }
```

①センサーとボールの位置の連動をBallクラスのmoveメソッドに置き替える
②ボールの表示部分をBallに入れ替える

ボールは壁を通り抜けず、傾きに合わせて壁のない方向へ転がります。

9-9 当たり判定処理を効率化する

　前のステップで追加した当たり判定処理は、ボールとすべての壁とがぶつかっていないかを判定していましたが、実際にはボールの周辺にある壁は限られます。
　このステップでは、ボールを中心に、前後左右のブロックのみに当たり判定を行うように限定します。Map.javaを**リスト9-14**のように変更します。

○リスト9-14：Map.java

```java
public class Map implements Ball.OnMoveListener {
    private final int blockSize;
    private final int horizontalBlockCount;
    private final int verticalBlockCount;

    private final Block[][] blockArray;
    private final Block[][] targetBlock = new Block[3][3];    ①

    // 省略

    void draw(Canvas canvas) {

        int yLength = blockArray.length;
        for (int y = 0; y < yLength; y++) {
            int xLength = blockArray[y].length;
            for (int x = 0; x < xLength; x++) {
                blockArray[y][x].draw(canvas);
            }
        }
    }
```

```java
    private void setTargetBlock(int verticalBlock, int horizontalBlock) {
        targetBlock[1][1] = getBlock(verticalBlock, horizontalBlock);

        targetBlock[0][0] = getBlock(verticalBlock - 1, horizontalBlock - 1);
        targetBlock[0][1] = getBlock(verticalBlock - 1, horizontalBlock);
        targetBlock[0][2] = getBlock(verticalBlock - 1, horizontalBlock + 1);

        targetBlock[1][0] = getBlock(verticalBlock, horizontalBlock - 1);
        targetBlock[1][2] = getBlock(verticalBlock, horizontalBlock + 1);

        targetBlock[2][0] = getBlock(verticalBlock + 1, horizontalBlock - 1);
        targetBlock[2][1] = getBlock(verticalBlock + 1, horizontalBlock);
        targetBlock[2][2] = getBlock(verticalBlock + 1, horizontalBlock + 1);
    }

    private Block getBlock(int y, int x) {
        if (y < 0 || x < 0 || y >= verticalBlockCount || x >= horizontalBlockCount) {
            return null;
        }
        return blockArray[y][x];
    }

    private int placeVerticalBlock = -1;
    private int placeHorizontalBlock = -1;
    private boolean canMove(Rect movedRect) {
        int horizontalBlock = movedRect.centerX() / blockSize;
        int verticalBlock = movedRect.centerY() / blockSize;
        if (placeHorizontalBlock != horizontalBlock
                || placeVerticalBlock != verticalBlock) {
            setTargetBlock(verticalBlock, horizontalBlock);
            placeHorizontalBlock = horizontalBlock;
            placeVerticalBlock = verticalBlock;
        }
        int yLength = blockArray.length;
        for (int y = 0; y < yLength; y++) {

            int xLength = blockArray[0].length;
            for (int x = 0; x < xLength; x++) {
                Block block = blockArray[y][x];
                if (block.type ==
                        Block.TYPE_WALL && Rect.intersects(block.rect, movedRect)) {
                    return false;
                }
            }
        }
        int yLength = targetBlock.length;
        for (int y = 0; y < yLength; y++) {

            int xLength = targetBlock[0].length;
            for (int x = 0; x < xLength; x++) {
                Block block = targetBlock[y][x];
                if (block == null) {
                    continue;
                }
```

```
+                    if (block.type ==
+                            Block.TYPE_WALL && Rect.intersects(block.rect, movedRect)) {
+                        return false;
+                    }
+                }
+            }
            return true;
        }
        private final Rect tempBallRect = new Rect();
```

① 検索対象のブロックを格納する3×3の2次元配列
② ボールが現在いるブロックを含めて9つのブロックをtargetBlockに設定する。存在しない場合はnullを設定する
③ ボールの現在位置から、ボールがあるブロックの縦と横の位置を計算する
④ ボールがあるブロックの位置をフィールドに保持し、targetBlockの設定は位置が変わったときだけ行う
⑤ targetBlockのブロックとだけ当たり判定を行う

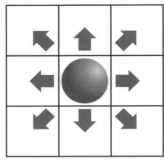

ボールの位置から範囲を限定する

実行 動作は前のステップと同じになります。ボールと壁との当たり判定が正常に動いていることを確認してください。

9-10 ボールの大きさを調整する

これまでボールのサイズは、マップの1ブロックのサイズと同じにしていました。しかし、これだと遊びが少なく、ボールは通路を真っ直ぐにしか転がりません。

このステップでは、ボールのサイズを画像より小さく設定し、動きに「遊び」を作ります。

Ballにscaleを追加する

Ball.javaをリスト9-15のように変更します。

○リスト9-15：Ball.java

```
  package io.keiji.labyrinth;

+ import android.graphics.Rect;
  import android.graphics.RectF;
```

```
public class Ball {

    private final Paint paint = new Paint();

    private final Bitmap ballBitmap;

    private final RectF rect;
+   private final Rect srcRect;                                           ①

    // 省略

-   public Ball(Bitmap bmp, int left, int top, OnMoveListener listener) {
+   public Ball(Bitmap bmp, int left, int top, float scale, OnMoveListener listener) {    ②
        ballBitmap = bmp;

-       int right = left + bmp.getWidth();
-       int bottom = top + bmp.getHeight();
+       float right = left + bmp.getWidth() * scale;
+       float bottom = top + bmp.getHeight() * scale;                    ③
        rect = new RectF(left, top, right, bottom);

+       srcRect = new Rect(0, 0, bmp.getWidth(), bmp.getHeight());       ④

        this.listener = listener;
    }

    void draw(Canvas canvas) {
-       canvas.drawBitmap(ballBitmap, rect.left, rect.top, paint);
+       canvas.drawBitmap(ballBitmap, srcRect, rect, paint);             ⑤
    }
```

①これまでのrectとは別にsrcRectを追加する
②コンストラクタにscaleを追加する
③rectの初期化時、下座標と右座標をscaleを考慮した値に設定する
④srcRectには、画像ファイルの大きさそのままの座標を設定する
⑤ballBitmapから画像として表示する範囲のsrcRectと、範囲を投影する範囲を表すrectを指定する

srcRectの範囲をrectの範囲に描画する

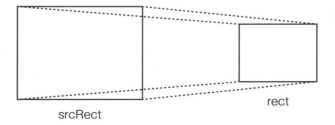

9-10 ボールの大きさを調整する

Ballにscaleを適用する

LabyrinthView.javaをリスト9-16のように変更します。

○リスト9-16：LabyrinthView.java

```java
public class LabyrinthView extends SurfaceView implements SurfaceHolder.Callback {
    private static final float ACCEL_WEIGHT = 3f;
+   private static final float BALL_SCALE = 0.8f;
    private static final int DRAW_INTERVAL = 1000 / 60;
    private static final float TEXT_SIZE = 40f;

    // 省略
    public void drawLabyrinth(Canvas canvas) {
        canvas.drawColor(Color.BLACK);

        int blockSize = ballBitmap.getHeight();
        if (map == null) {
            map = new Map(canvas.getWidth(), canvas.getHeight(), blockSize);
        }

        if (ball == null) {
-           ball = new Ball(ballBitmap, blockSize, blockSize, map);
+           ball = new Ball(ballBitmap, blockSize, blockSize, BALL_SCALE, map);    ①
        }

        map.draw(canvas);
        ball.draw(canvas);
        if (sensorValues != null) {
            canvas.drawText("sensor[0] = " + sensorValues[0], 10, 150, textPaint);
            canvas.drawText("sensor[1] = " + sensorValues[1], 10, 200, textPaint);
            canvas.drawText("sensor[2] = " + sensorValues[2], 10, 250, textPaint);
        }
    }
}
```

①Ballクラスを生成するときにスケールを指定する

 ボールはこれまでより小さくなり、当たり判定も見た目の大きさと同じになります。

9-11 スタートとゴールを設定する

ラビリンスゲームでは、スタートとゴールを設定しなくてはなりません。

このステップでは、ボールのスタート地点を右下として、スタート地点から一番遠くのブロックをゴールに設定します。

Ballにスタート地点を追加する

Ball.javaをリスト9-17のように変更します。

○リスト9-17：Ball.java

```
    private final OnMoveListener listener;

+   public Ball(Bitmap bmp, Map.Block startBlock, float scale, OnMoveListener listener) {
+       this(bmp, startBlock.rect.left, startBlock.rect.top, scale, listener);
+   }

    public Ball(Bitmap bmp, int left, int top, float scale, OnMoveListener listener) {
        ballBitmap = bmp;

        float right = left + bmp.getWidth() * scale;
        float bottom = top + bmp.getHeight() * scale;
        rect = new RectF(left, top, right, bottom);

        srcRect = new Rect(0, 0, bmp.getWidth(), bmp.getHeight());

        this.listener = listener;
    }
```

①Map.Blockクラスを引数に取るコンストラクタを「追加」する

スタートとゴール地点を設定する

LabyrinthGenerator.javaをリスト9-18およびリスト9-19のように変更します。

○リスト9-18：LabyrinthGenerator.java

```
    public class LabyrinthGenerator {

        public static final int FLOOR = 0;
        public static final int WALL = 1;
+       public static final int START = 2;
+       public static final int GOAL = 3;
        public static final int INNER_WALL = -1;

+       public static class MapResult {
+           final int[][] map;
+           final int startX;
+           final int startY;
```

```
+           MapResult(int[][] map, int startX, int startY) {
+               this.map = map;
+               this.startX = startX;
+               this.startY = startY;
+           }
+       }
        public enum Direction {
            TOP,
            LEFT,
            RIGHT,
            BOTTOM,
        }
```

①定数にSTARTとGOALを追加する。定数が示す値が他と重複しないように注意する
②クラスMapResultを追加する。クラスMapResultは生成したマップとスタートの位置（startX，startY）を含む

○リスト9-19：LabyrinthGenerator.java

```
-       public static int[][] getMap(
-               int horizontalBlockCount, int verticalBlockCount, int seed) {
+       public static MapResult getMap(
+               int horizontalBlockCount, int verticalBlockCount, int seed) {

            int[][] result = new int[verticalBlockCount][horizontalBlockCount];

            for (int y = 0; y < verticalBlockCount; y++) {
                for (int x = 0; x < horizontalBlockCount; x++) {

                    if (y == 0 || y == verticalBlockCount - 1) {
                        result[y][x] = WALL;
                    } else if (x == 0 || x == horizontalBlockCount - 1) {
                        result[y][x] = WALL;
                    } else if (x > 1 && x % 2 == 0 && y > 1 && y % 2 == 0) {
                        result[y][x] = INNER_WALL;
                    } else {
                        result[y][x] = FLOOR;
                    }
                }
            }

-           return generateLabyrinth(
-                   horizontalBlockCount, verticalBlockCount, result, seed);
+           result =
+                   generateLabyrinth(horizontalBlockCount, verticalBlockCount, result, seed);

+           int startY = -1;
+           int startX = -1;

+           for (int y = verticalBlockCount - 1; y >= 0; y--) {
+               for (int x = horizontalBlockCount - 1; x >= 0; x--) {
+                   if (result[y][x] == FLOOR) {
+                       startX = x;
+                       startY = y;
+                       result[startY][startX] = START;
+                       break;
+                   }
```

```java
                }
                if (startX != -1 && startY != -1) {
                    break;
                }
            }
            int[][] exam = new int[verticalBlockCount][horizontalBlockCount];
            calcStep(result, startX, startY, exam, 0);

            int maxScore = 0;
            int maxScoreXPosition = 0;
            int maxScoreYPosition = 0;
            for (int y = 0; y < verticalBlockCount; y++) {
                for (int x = 0; x < horizontalBlockCount; x++) {
                    if (exam[y][x] > maxScore) {
                        maxScore = exam[y][x];
                        maxScoreXPosition = x;
                        maxScoreYPosition = y;
                    }
                }
            }
            result[maxScoreYPosition][maxScoreXPosition] = GOAL;       ②
            return new MapResult(result, startX, startY);
        }
        private static int[][] calcStep(
                int[][] map, int x, int y, int[][] result, int score) {
            score++;
            if (y < 0 || x < 0 || y >= map.length || x >= map[0].length) {
                return result;
            }
            if (map[y][x] == WALL) {
                result[y][x] = -1;
                return result;
            }
            if (result[y][x] == 0 || result[y][x] > score) {
                result[y][x] = score;

                calcStep(map, x, y - 1, result, score);
                calcStep(map, x, y + 1, result, score);       ③
                calcStep(map, x - 1, y, result, score);
                calcStep(map, x + 1, y, result, score);
            }
            return result;
        }
```

①迷路を生成したあとスタートとゴールを設定する処理を行う。マップの下端、右から最初の床をスタートとする

②スタートからそれぞれのブロックに到達するのにかかるステップ数を計算して、一番遠い（ステップ数が長い）ブロックをゴールとする

③指定したx, y位置から上下左右方向に移動した場合のステップ数を探索する。calcStepメソッドの中からcalcStepメソッドを呼び出している（再帰呼び出し）

Mapからスタート地点を取得できるようにする

Map.javaをリスト9-20のように変更します。

○リスト9-20：Map.java

```
  public class Map implements Ball.OnMoveListener {

      // 省略

      private final Block[][] blockArray;
      private final Block[][] targetBlock = new Block[3][3];
+     private Block startBlock;

+     public Block getStartBlock() {          ┐
+         return startBlock;                  │ ①
+     }                                       ┘

      // 省略

      private Block[][] createMap(int seed) {
          if (horizontalBlockCount % 2 == 0) {
              horizontalBlockCount--;
          }
          if (verticalBlockCount % 2 == 0) {
              verticalBlockCount--;
          }

          Block[][] array = new Block[verticalBlockCount][horizontalBlockCount];
+         LabyrinthGenerator.MapResult mapResult =
+             LabyrinthGenerator.getMap(horizontalBlockCount, verticalBlockCount, seed);
-         int[][] map =
-             LabyrinthGenerator.getMap(horizontalBlockCount, verticalBlockCount, seed);
+         int[][] map = mapResult.map;          ②

          for (int y = 0; y < verticalBlockCount; y++) {
              for (int x = 0; x < horizontalBlockCount; x++) {
                  int type = map[y][x];
                  int left = x * blockSize + 1;
                  int top = y * blockSize + 1;
                  int right = left + blockSize - 2;
                  int bottom = top + blockSize - 2;
                  array[y][x] = new Block(type, left, top, right, bottom);
              }
          }
+         startBlock = array[mapResult.startY][mapResult.startX];

          return array;
      }
```

①スタート地点のブロックをクラスフィールドstartBlockに保持してgetStartBlockメソッドを追加する

②LabyrinthGeneratorのgetMapメソッドの変更に合わせて新しい変数mapResultを作る

ボールの初期位置を決定したスタート地点に変更する

LabyrinthView.javaをリスト9-21のように変更します。

○リスト9-21：LabyrinthView.java

```
public void drawLabyrinth(Canvas canvas) {
    canvas.drawColor(Color.BLACK);

    int blockSize = ballBitmap.getHeight();
    if (map == null) {
        map = new Map(canvas.getWidth(), canvas.getHeight(), blockSize);
    }
    if (ball == null) {
-       ball = new Ball(ballBitmap, blockSize, blockSize, BALL_SCALE, map);
+       ball = new Ball(ballBitmap, map.getStartBlock(), BALL_SCALE, map);    ①
    }

    map.draw(canvas);
    ball.draw(canvas);

    if (sensorValues != null) {
        canvas.drawText("sensor[0] = " + sensorValues[0], 10, 150, textPaint);
        canvas.drawText("sensor[1] = " + sensorValues[1], 10, 200, textPaint);
        canvas.drawText("sensor[2] = " + sensorValues[2], 10, 250, textPaint);
    }
}
```

①Mapから取得したスタートブロックをBallのコンストラクタに設定することで、ボールの初期位置をスタートブロックに設定している

スタートとゴールを表示する

Map.javaをリスト9-22のように変更します。

○リスト9-22：Map.java

```
static class Block {

    private static final int TYPE_FLOOR = 0;
    private static final int TYPE_WALL = 1;
+   private static final int TYPE_START = 2;
+   private static final int TYPE_GOAL = 3;

    private static final int COLOR_FLOOR = Color.GRAY;
    private static final int COLOR_WALL = Color.BLACK;
+   private static final int COLOR_START = Color.YELLOW;
+   private static final int COLOR_GOAL = Color.GREEN;

    private final int type;
    private final Paint paint;

    final Rect rect;
```

```
    private Block(int type, int left, int top, int right, int bottom) {

        this.type = type;
        paint = new Paint();

        switch (type) {
            case TYPE_FLOOR:
                paint.setColor(COLOR_FLOOR);
                break;
            case TYPE_WALL:
                paint.setColor(COLOR_WALL);
                break;
+           case TYPE_START:
+               paint.setColor(COLOR_START);
+               break;
+           case TYPE_GOAL:
+               paint.setColor(COLOR_GOAL);
+               break;
        }
        rect = new Rect(left, top, right, bottom);
    }

    private void draw(Canvas canvas) {
        canvas.drawRect(rect, paint);
    }
}
```

①STARTとGOALそれぞれに対応する定数と色を追加する

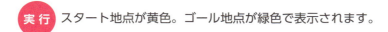

実行 スタート地点が黄色。ゴール地点が緑色で表示されます。

9-12 ゴールを判定する

スタートとゴールのブロックは決まりましたが、ゴールのブロックに辿り着いても変化がありません。

このステップで、ゴールのブロックの上にボールが乗るとゴールしたことを表示するようにします。

イベントコールバックを追加する

LabyrinthView.javaを**リスト9-23**のように変更します。

○リスト9-23：LabyrinthView.java

```
public class LabyrinthView extends SurfaceView implements SurfaceHolder.Callback {

    // 省略

    private Ball ball;
    private Map map;
+   interface EventCallback {
+       void onGoal();            ──①
+   }

+   private EventCallback eventCallback;

+   public void setCallback(EventCallback eventCallback) {
+       this.eventCallback = eventCallback;
+   }
    public LabyrinthView(Context context) {
        super(context);

        textPaint.setColor(Color.WHITE);
        textPaint.setTextSize(TEXT_SIZE);


        ballBitmap = BitmapFactory.decodeResource(getResources(), R.drawable.ball);

        getHolder().addCallback(this);
    }
```

①LabyrinthViewクラスのイベントを外部に伝えるためのEventCallbackインターフェースを追加する

次に、Map.javaを**リスト9-24**のように変更します。

○リスト9-24：Map.java

```
public Block getStartBlock() {
    return startBlock;
}
```

```
+       private final LabyrinthView.EventCallback eventCallback;

-   public Map(int width, int height, int blockSize) {
+   public Map(int width, int height, int blockSize,
+           LabyrinthView.EventCallback eventCallback) {                    ①
        this.blockSize = blockSize;
        this.horizontalBlockCount = width / blockSize;
        this.verticalBlockCount = height / blockSize;
+       this.eventCallback = eventCallback;
        blockArray = createMap(0);
    }

    // 省略

    private boolean canMove(Rect movedRect) {

        // 省略

        int yLength = targetBlock.length;
        for (int y = 0; y < yLength; y++) {

            int xLength = targetBlock[0].length;
            for (int x = 0; x < xLength; x++) {
                Block block = targetBlock[y][x];
                if (block == null) {
                    continue;
                }
                if (block.type == Block.TYPE_WALL && Rect.intersects(block.rect, movedRect)) {
                    return false;
+               } else if (block.type == Block.TYPE_GOAL
+                       && block.rect.contains(movedRect.centerX(), movedRect.centerY())) {   ②
+                   eventCallback.onGoal();
+                   return true;
                }
            }
        }
        return true;
    }
```

①コンストラクタにLabyrinthView.EventCallbackを追加する
②ボールの中心座標（centerX/Y）がゴールのブロックに完全に含まれる（contains）位置にあるとEventCallbackインターフェースのonGoalを呼び出す

最後に、再びLabyrinthView.javaを**リスト9-25**のように変更します。

○リスト9-25：LabyrinthView.java

```
    public void drawLabyrinth(Canvas canvas) {
        canvas.drawColor(Color.BLACK);

        int blockSize = ballBitmap.getHeight();
        if (map == null) {
-           map = new Map(canvas.getWidth(), canvas.getHeight(), blockSize);
+           map = new Map(canvas.getWidth(), canvas.getHeight(), blockSize, eventCallback);   ①
```

```
        }
        if (ball == null) {
            ball = new Ball(ballBitmap, map.getStartBlock(), BALL_SCALE, map);
        }

        map.draw(canvas);
        ball.draw(canvas);
        if (sensorValues != null) {
            canvas.drawText("sensor[0] = " + sensorValues[0], 10, 150, textPaint);
            canvas.drawText("sensor[1] = " + sensorValues[1], 10, 200, textPaint);
            canvas.drawText("sensor[2] = " + sensorValues[2], 10, 250, textPaint);
        }
    }
}
```

① MapクラスのコンストラクタにEventCallbackを渡す

ゴールイベントを表示する

MainActivity.javaを**リスト9-26**のように変更します。

◯リスト9-26：MainActivity.java

```
  package io.keiji.labyrinth;

+ import android.widget.Toast;

- public class MainActivity extends AppCompatActivity {
+ public class MainActivity extends AppCompatActivity
+         implements LabyrinthView.EventCallback {               ①

    private LabyrinthView labyrinthView;
    @Override
    protected void onCreate(Bundle savedInstanceState) {
        super.onCreate(savedInstanceState);

        labyrinthView = new LabyrinthView(this);
+       labyrinthView.setCallback(this);                         ②
        labyrinthView.startSensor();
        setContentView(labyrinthView);

    }

+   @Override
+   public void onGoal() {
+       Toast.makeText(this, "Goal!!", Toast.LENGTH_SHORT).show();
+
+       labyrinthView.stopSensor();                              ③
+   }
}
```

① LabyrinthViewのEventCallbackインターフェースを実装する
② LabyrinthViewのインスタンス生成後、MyActivity自身をEventCallbackに設定する
③ onGoalメソッドの中でToastを表示する

実行 ボールがゴールのブロックに入ると「Goal!!」とToastが表示されます。

9-13 ゴール時に次のステージを表示する

ゴールのイベントを受け取って表示できるようになったので、次のステージに進むようにします。

Mapを生成する種（シード）になる値をMapに追加する

Map.javaをリスト9-27のように変更します。

○リスト9-27：Map.java

```
- public Map(int width, int height, int blockSize,
-            LabyrinthView.EventCallback eventCallback) {
+ public Map(int width, int height, int blockSize, int stageSeed,
+            LabyrinthView.EventCallback eventCallback) {
    this.blockSize = blockSize;
    this.horizontalBlockCount = width / blockSize;
    this.verticalBlockCount = height / blockSize;
    this.eventCallback = eventCallback;

-   blockArray = createMap(0);
+   blockArray = createMap(stageSeed);          ①
  }
```

① createMap内でLabyrinthGenerator.getMapメソッドを実行するとき、これまで0に固定してしていた値をstageSeedに置き替える

> Randomとseedについて。LabyrinthGeneratorは、Randomクラスが生成する乱数を使ってマップを作成しています。Randomオブジェクトを初期化する際、乱数の種となる値をseed（シード）として与えることができます。Randomが生成する乱数は正確には「疑似乱数」と呼ばれるもので、シードが同じであれば、同じ値、順番の数を生成する性質があります。
> 　初期化時に設定するシードの値によって、生成するマップを変えることができるのです。

Mapにシードを渡す

LabyrinthView.javaを**リスト9-28**のように変更します。

○リスト9-28：LabyrinthView.java

```
public void drawLabyrinth(Canvas canvas) {
    canvas.drawColor(Color.BLACK);

    int blockSize = ballBitmap.getHeight();
    if (map == null) {
-       map = new Map(canvas.getWidth(), canvas.getHeight(), blockSize, eventCallback);
+       map = new Map(canvas.getWidth(), canvas.getHeight(), blockSize, stageSeed,
+               eventCallback);
    }

    if (ball == null) {
        ball = new Ball(ballBitmap, map.getStartBlock(), BALL_SCALE, map);
    }

    map.draw(canvas);
    ball.draw(canvas);

    if (sensorValues != null) {
        canvas.drawText("sensor[0] = " + sensorValues[0], 10, 150, textPaint);
        canvas.drawText("sensor[1] = " + sensorValues[1], 10, 200, textPaint);
        canvas.drawText("sensor[2] = " + sensorValues[2], 10, 250, textPaint);
    }
}
```

ゴールすると次のステージを表示する

MainActivity.javaを**リスト9-29**のように変更します。

○リスト9-29：MainActivity.java

```
public class MainActivity extends AppCompatActivity
        implements LabyrinthView.EventCallback {
+   private static final String EXTRA_KEY_STAGE_SEED = "stage_seed";    ①
```

```java
    public static Intent newIntent(Context context, int stageSeed) {
        Intent intent = new Intent(context, MainActivity.class);
        intent.putExtra(EXTRA_KEY_STAGE_SEED, stageSeed);

        return intent;
    }

    private int stageSeed;

    private boolean isFinished;

    private LabyrinthView labyrinthView;

    @Override
    protected void onCreate(Bundle savedInstanceState) {

        super.onCreate(savedInstanceState);

        stageSeed = getIntent().getIntExtra(EXTRA_KEY_STAGE_SEED, 0);

        labyrinthView = new LabyrinthView(this);
        labyrinthView.setCallback(this);
        labyrinthView.setStageSeed(stageSeed);
        labyrinthView.startSensor();

        setContentView(labyrinthView);
    }

    @Override
    public void onGoal() {
        if (isFinished) {
            return;
        }
        isFinished = true;
        Toast.makeText(this, "Goal!!", Toast.LENGTH_SHORT).show();

        labyrinthView.stopSensor();

        Intent intent = newIntent(this, stageSeed + 1);
        startActivity(intent);
        finish();
    }
}
```

①EXTRA_KEY_STAGE_SEEDで、Mapのシードの値をIntentから受け取れるようにする

②newIntentメソッドは、Contextとシードを指定するとシードの値を設定したIntentを返す

③Intentに設定されたシードの値を取得する。取得したシードの値はLabyrinthViewのsetSeedメソッドに渡す

④ボールがゴールに到達したらonGoalメソッドが呼ばれる。onGoalメソッドが複数回呼ばれても無視するようにisFinishedのフラグで多重呼び出しを無視する

⑤newIntentメソッドで次に表示するMapのシードを設定したIntentを取得して、次のステージのActivityを呼び出す。nextStageメソッドで次のステージを呼び出したら、自分自身は終了する

ボールがゴールに到達すると、すぐに次のステージが表示されます。

9-14 穴を追加する

最後にラビリンスゲームでは欠かせない「穴」をプログラムしましょう。穴に落ちるとゲームオーバーになり、ステージの最初からやり直しとします。

マップの生成時に穴を設定する

LabyrinthGenerator.javaをリスト9-30、リスト9-31のように変更します。

○リスト9-30：LabyrinthGenerator.java

```java
public class LabyrinthGenerator {

    public static final int FLOOR = 0;
    public static final int WALL = 1;
    public static final int START = 2;
    public static final int GOAL = 3;
+   public static final int HOLE = 4;           ①
    public static final int INNER_WALL = -1;

    // 省略

    private static int[][] generateLabyrinth(
            int horizontalBlockCount, int verticalBlockCount, int[][] map, int seed) {
        Random rand = new Random(seed);
```

```java
            for (int y = 0; y < verticalBlockCount; y++) {
                for (int x = 0; x < horizontalBlockCount; x++) {
                    if (map[y][x] == INNER_WALL) {

                        List<Direction> directionList = new ArrayList<>(Arrays.asList(
                                Direction.LEFT,
                                Direction.RIGHT,
                                Direction.BOTTOM));

                        if (y == 1) {
                            directionList = new ArrayList<>(Arrays.asList(
                                    Direction.TOP,
                                    Direction.LEFT,
                                    Direction.RIGHT,
                                    Direction.BOTTOM));
                        }

                        do {
                            Direction direction =
                                    directionList.get(rand.nextInt(directionList.size()));
                            if (setDirection(y, x, direction, map)) {
                                break;
                            } else {
                                directionList.remove(direction);
                            }
                        } while (directionList.size() > 0);
                    }
                }
            }

+           int holeCount = seed + 1;                                             ③
+           if (holeCount > (verticalBlockCount + horizontalBlockCount)) {     ⎫
+               holeCount = verticalBlockCount + horizontalBlockCount;         ⎬ ④
+           }                                                                  ⎭

+           setHoles(holeCount, rand, verticalBlockCount, horizontalBlockCount, map);  ②

            return map;
        }

+       private static void setHoles(int holeCount, Random rand,
+               int verticalBlockCount, int horizontalBlockCount, int[][] map) {
+           do {
+               int y = rand.nextInt(verticalBlockCount - 2) + 1;
+               int x = rand.nextInt(horizontalBlockCount - 2) + 1;
+                                                                              ⎫
+               if (map[y][x] == WALL) {                                       ⎪
+                   map[y][x] = HOLE;                                          ⎬ ⑤
+                   holeCount--;                                               ⎪
+               }                                                              ⎪
+                                                                              ⎪
+           } while (holeCount > 0);                                           ⎭
+       }
```

①穴を表す定数HOLEを追加する

②generateLabyrinthメソッドで迷路を生成する最後に穴を設定する

③設定する穴の個数はシードの値+1にする
④縦と横のブロック数を足した値が、穴の最大数とする
⑤mapに指定した個数の穴を設定する。床を穴に設定するとゴールに到達できなくなる可能性があるため、すでにある壁を穴に設定する。外周の壁は、到達できない部分が穴になる可能性があるので、穴に設定しない

〇リスト9-31：LabyrinthGenerator.java

```
  private static int[][] calcStep(int[][] map, int x, int y, int[][] result, int score) {
      score++;

      if (y < 0 || x < 0 || y >= map.length || x >= map[0].length) {
          return result;
      }
-     if (map[y][x] == WALL) {
+     if (map[y][x] == WALL || map[y][x] == HOLE) {   ①
          result[y][x] = -1;
          return result;
      }
      if (result[y][x] == 0 || result[y][x] > score) {
          result[y][x] = score;

          calcStep(map, x, y - 1, result, score);
          calcStep(map, x, y + 1, result, score);
          calcStep(map, x - 1, y, result, score);
          calcStep(map, x + 1, y, result, score);
      }

      return result;
  }
```

①穴は壁と同じく、ゴールまでのステップ数に含めない

穴に落ちるイベントを追加する

LabyrinthView.javaを**リスト9-32**のように変更します。

〇リスト9-32：LabyrinthView.java

```
  interface EventCallback {
      void onGoal();
+     void onHole();   ①
  }
```

①EventCallbackインターフェースにonHoleメソッドを追加する

次に、Map.javaを**リスト9-33**のように変更します。

○リスト9-33：Map.java

```
private boolean canMove(Rect movedRect) {
    int horizontalBlock = movedRect.centerX() / blockSize;
    int verticalBlock = movedRect.centerY() / blockSize;

    if (placeHorizontalBlock != horizontalBlock
            || placeVerticalBlock != verticalBlock) {
        setTargetBlock(verticalBlock, horizontalBlock);
        placeHorizontalBlock = horizontalBlock;
        placeVerticalBlock = verticalBlock;
    }

    int yLength = targetBlock.length;
    for (int y = 0; y < yLength; y++) {

        int xLength = targetBlock[0].length;
        for (int x = 0; x < xLength; x++) {
            Block block = targetBlock[y][x];
            if (block == null) {
                continue;
            }
            if (block.type == Block.TYPE_WALL && Rect.intersects(block.rect, movedRect)) {
                return false;
            } else if (block.type == Block.TYPE_GOAL
                    && block.rect.contains(movedRect.centerX(), movedRect.centerY())) {
                eventCallback.onGoal();
                return true;
+           } else if (block.type == Block.TYPE_HOLE
+                   && block.rect.contains(movedRect.centerX(), movedRect.centerY())) {
+               eventCallback.onHole();
+               return false;
            }
        }
    }
    return true;
}
```

①当たり判定に、ブロックが穴だった場合の処理を追加する

穴を表示する

Map.javaを**リスト9-34**のように変更します。

○リスト9-34：Map.java

```
static class Block {

    private static final int TYPE_FLOOR = 0;
    private static final int TYPE_WALL = 1;
    private static final int TYPE_START = 2;
    private static final int TYPE_GOAL = 3;
+   private static final int TYPE_HOLE = 4;
```

```
        private static final int COLOR_FLOOR = Color.GRAY;
        private static final int COLOR_WALL = Color.BLACK;
        private static final int COLOR_START = Color.YELLOW;
        private static final int COLOR_GOAL = Color.GREEN;
+       private static final int COLOR_HOLE = Color.CYAN;

        private final int type;
        private final Paint paint;

        final Rect rect;

        private Block(int type, int left, int top, int right, int bottom) {
            this.type = type;
            paint = new Paint();

            switch (type) {
                case TYPE_FLOOR:
                    paint.setColor(COLOR_FLOOR);
                    break;
                case TYPE_WALL:
                    paint.setColor(COLOR_WALL);
                    break;
                case TYPE_START:
                    paint.setColor(COLOR_START);
                    break;
                case TYPE_GOAL:
                    paint.setColor(COLOR_GOAL);
                    break;
+               case TYPE_HOLE:
+                   paint.setColor(COLOR_HOLE);           ①
+                   break;
            }

            rect = new Rect(left, top, right, bottom);
        }

        private void draw(Canvas canvas) {
            canvas.drawRect(rect, paint);
        }
    }
```

① HOLEに対応する色を追加する

穴を落ちるとやり直しにする

MainActivity.javaをリスト9-35のように変更します。

○リスト9-35：MainActivity.java

```
    @Override
    public void onGoal() {
        if (isFinished) {
            return;
        }
```

```
            isFinished = true;

            Toast.makeText(this, "Goal!!", Toast.LENGTH_SHORT).show();

            labyrinthView.stopSensor();

            Intent intent = newIntent(this, stageSeed + 1);
            startActivity(intent);
            finish();
        }

+       @Override
+       public void onHole() {     ①
+           if (isFinished) {
+               return;                    ③
+           }
+           isFinished = true;

+           Toast.makeText(this, "Hole!!", Toast.LENGTH_SHORT).show();

+           labyrinthView.stopSensor();                                    ②

+           Intent intent = newIntent(this, stageSeed);
+           startActivity(intent);
+           finish();
+       }
    }
```

① LabyrinthView.Callbackインターフェースに追加されたonHoleを実装する
②「Hole!!」とToastを表示して、同じseedで再びMainActivityを起動したあと、自分自身は終了する
③ onGoalと同様にisFinishedフラグで多重呼び出しを防止する

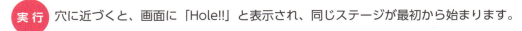 穴に近づくと、画面に「Hole!!」と表示され、同じステージが最初から始まります。

9-15 処理などを改善する

ゲーム自体は完成しました。ゲームをするうえで不便なところを調整していきます。

ゲーム画面を固定する

開発したゲームアプリの画面の向きはAndroidデバイスの状態に従います。携帯電話のように縦画面の場合は縦に、タブレットなどのように横画面であれば横向きにゲーム画面が表示されます。

仮にAndroidデバイスが画面の自動回転をONにしていると、デバイスの向きを縦横で変えるたびにゲーム画面が回転してゲームがリセットされてしまいます。これは、ラビリンスゲームのように傾けて遊ぶゲームではいちいち回転してしまい、致命的な欠陥になります。問題を修正するため、AndroidManifest.xmlを**リスト9-36**のように変更します。

○リスト9-36：AndroidManifest.xml

```
<application
    android:allowBackup="true"
    android:icon="@mipmap/ic_launcher"
    android:label="@string/app_name"
    android:supportsRtl="true"
    android:theme="@style/AppTheme">
-   <activity android:name=".MainActivity">
+   <activity
+       android:name=".MainActivity"
+       android:configChanges="orientation|screenSize|keyboardHidden"  ②
+       android:screenOrientation="nosensor">  ①
        <intent-filter>
            <action android:name="android.intent.action.MAIN"/>
            <category android:name="android.intent.category.LAUNCHER"/>
        </intent-filter>
    </activity>
</application>
```

①android:screenOrientation属性でMainActivityをnosensor（端末標準）に固定する
②ゲーム中、一時的にホーム画面など他のアプリに切り替わった際に回転などのイベントが発生してゲームが初期化されてしまうのを防ぐ

画面が自動的にOFFにならないようにする

開発したゲームは、一定時間、画面を触るなどの操作しないと画面の表示が消えてしまいます。ラビリンスゲームは画面を触る必要がないため、画面を触らなくてもプレイ中は画面表示を続けるように設定します。MainActivity.javaを開いて、**リスト9-37**のように変更します。

○リスト9-37：MainActivity.java

```java
import android.view.WindowManager;
public class MainActivity extends AppCompatActivity implements LabyrinthView.EventCallback {

    // 省略

    @Override
    protected void onCreate(Bundle savedInstanceState) {
        super.onCreate(savedInstanceState);
        getWindow().addFlags(WindowManager.LayoutParams.FLAG_KEEP_SCREEN_ON);  ①

        stageSeed = getIntent().getIntExtra(EXTRA_KEY_STAGE_SEED, 0);

        labyrinthView = new LabyrinthView(this);
        labyrinthView.setCallback(this);
        labyrinthView.setStageSeed(stageSeed);

        setContentView(labyrinthView);
    }
```

①画面の自動スリープを無効化する

他のアプリに切り替えたとき、ゲームを中断する

　現在のアプリは、ゲームをしている間に他のアプリに切り替えても、ゲームはそのまま進行してゲームオーバーになってしまいます。

　また、ユーザーが操作しなくても、電話がかかってきたなどで画面が強制的に切り替わることもあります。アプリが切り替わったときにきちんとゲームを止めるようにActivityのライフサイクルに合わせてプログラムをする必要があります。MainActivity.javaを開いて、リスト9-38のように変更します。

○リスト9-38：MainActivity.java

```java
    @Override
    protected void onCreate(Bundle savedInstanceState) {
        super.onCreate(savedInstanceState);
        getWindow().addFlags(WindowManager.LayoutParams.FLAG_KEEP_SCREEN_ON);

        stageSeed = getIntent().getIntExtra(EXTRA_KEY_STAGE_SEED, 0);

        labyrinthView = new LabyrinthView(this);
        labyrinthView.setCallback(this);
        labyrinthView.setStageSeed(stageSeed);
        labyrinthView.startSensor();
        setContentView(labyrinthView);
    }

    @Override
    protected void onResume() {   ③
        super.onResume();
```

```
+            labyrinthView.startSensor();    ①
+        }

+        @Override
+        protected void onPause() {
+            super.onPause();

+            labyrinthView.stopSensor();    ②
+        }
```

①onResumeメソッドでLabyrinthViewのstartSensorを実行する
②onPauseメソッドでLabyrinthViewのstopSensorを実行する

 ゲームは端末の標準の方向で表示されます。画面に触らずに置いておいてもスリープ状態になりません。また、ホームボタンなどで他のアプリに切り替えて、再びゲームに戻ると中断前の状態からプレイできます。

COLUMN

Activityのライフサイクル

Activityとは

Activityは、画面表示を担当するアプリのコンポーネントです。1つのActivityが1つの画面に対応します。Activityは、基本的には1つの画面に1つしか表示できません。Intentという仕組みを使って相互にActivityを呼び出すことで他の画面と連携します。

Activityと割り込み

繰り返しになりますが、1つのActivityは1つの画面に対応しています。Activityは、基本的には1つの画面に1つしか表示できません。これで困るのは、アプリを起動しているときに別のアプリで割り込みが入った場合です。

例えば、ゲームで遊んでいるときに電話がかかってきた場合、突然、電話呼び出しの画面が表示されて、ゲーム画面は見えなくなります。通話が終わると、再び元のゲーム画面が表示されます。電話がかかってきたときにゲームを一時停止できなければ、通話中もゲームは進行し、電話を切ったときにはゲームオーバーになっているということも起こります。

そのほかにも、Activityの起動・終了の各タイミングで前処理、後処理を実行する必要があります。

Activityのライフサイクル

Activityのライフサイクルとは、Activityが起動してから終了するまでの間、決められたタイミングで状態が変化することを言います。

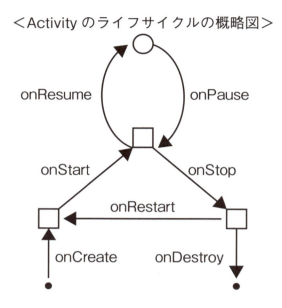

＜Activityのライフサイクルの概略図＞

Androidのシステムは、要求されたActivityを生成した直後にonCreateメソッドを実行します。通常は、このonCreateのタイミングで、表示するレイアウトの設定などを行います。次にonStart、onResumeと、それぞれメソッドが実行された後、ユーザーが操作できる状態になります。

Androidのシステムは、実行中のアプリが他のActivityを呼び出したり電話がかかってくるなどして他の画面が起動するタイミングで、表示しているActivityのonPauseメソッドを実行します。

新しいActivityが画面を表示して前のActivityが見えなくなったタイミングで、onStopメソッドを実行します。

最後にActivityが完全に終了するタイミングで、onDestroyメソッドを実行します。onPauseメソッドが実行された状態になっても、Activityが再び復帰すれば、再びActivityが表示されます。

その場合、復帰時にonResumeメソッドを実行します。onStopメソッドが実行された状態からActivityが復帰すると、まずonRestartメソッド、続いてonStart、onResumeメソッドが実行されます。

1つ注意が必要な点があります。アプリを実行中、システムのメモリが足りなくなった場

合、Androidのシステムは、表示していないActivityを強制的に終了させて、空きメモリを増やします。

　例えば、Activityが表示されなくなってonPauseメソッドが実行された（左ページの図では○から□に変った）以降の状態で、システムの空きメモリが足りなくなった場合、onStopやonDestroyが呼ばれずにアプリが終了してしまうこともあります。

おわりに

　2007年の11月、大阪のオフィスで仕事をしていた筆者の元に、GoogleがAndroidの開発を発表したというニュースが飛び込んできたとき、「新しい時代がやってくる」と確信したことを、今でもはっきりと覚えています。

　発表された当時は、エミュレーターが提供されただけで実際の端末は影も形もありませんでしたが、筆者は、あまり得意ではない英語のドキュメントを夢中で読み込んでプログラムを書き、エミュレーターで動かしては未来を夢想していました。

Androidの最初期のエミュレーター

　次の年、米国サンフランシスコで開催された初めての「Google I/O」に参加しました。そこで、筆者のようにAndroidに可能性を感じている世界中のエンジニアと出会ったのです（ここでいう「世界」には、もちろん日本も含まれます）。

　そして2015年、Androidは世界でもっとも利用される携帯電話向けのプラットフォームの1つとして、揺るぎない地位を確立しています。

潮目の変化

　困ったことに、Androidはこれほどまでに世界中で使われているにもかかわらず、落ち着くということを知りません。常にバージョンアップを繰り返しているのです。ようやく落ち着いたかと思ったら、もう新しいバージョンが出るのですから、ついて行くだけで大変です。

　2013年、Googleは、新しい開発環境「Android Studio」を発表しました。それまで開発環境としていたADT（Android Development Tools、Eclipseベースの統合開発環境）に加え、

新しい選択肢としてのAndroid Studioという位置づけでしたが、多くの開発者は「実質的なADTの廃棄宣言」と受け取りました。

事実、2015年初頭にAndroid Studioのバージョン1.0が公開されると、ADTは表舞台から徐々に姿を消していき、2015年末でサポートが打ち切られることがアナウンスされています。

Android 6.0（Marshmallow）では、パーミッションモデルが大きく変わりました。

これまでアプリは、インストール時にユーザーに使用するパーミッションを提示して、ユーザーが合意すれば、提示したパーミッションをすべて取得できていました。しかし、Marshmallowでは一部のパーミッションについては実行時にユーザーの許可が必要になっています（Runtime Permission）。

Androidでは、このような潮目の変化が、何度も起きています。筆者のような既存の開発者にとってはたまったものではないのですが、これからアプリ開発を始めようとする人たちにとっては、この変化はむしろ良いことなのです。

大きく状況が変化するときであれば、既存の開発者のアドバンテージは大きく下がります。新しく始めるなら、まさしく今がチャンスということです。

書籍とバージョン

Androidは、大きな変化が頻繁にあるプラットフォームなので、書籍の執筆とバージョンという問題にはいつも頭を悩ませます。

最新バージョンに基づいて解説しているつもりでも、執筆中に新しいバージョンが発表されます。

この本はAndroid Studioのバージョン1.5を対象に執筆していますが、開発者向けの先行チャンネル（Canary）ではすでにAndroid Studio 2.0 Previewが配布されています。また、betaやdevチャンネルではAndroid Studio 1.5.1が配布されているので、あなたがこれを読んでいる時点で、もうバージョンが変わっているかもしれません。

本書出版以降のAndroid Studioに関する情報は、可能なかぎり、サポートページでフォローしていければと思います。

どこまで説明するか

本書は、Androidアプリ開発の入門書という位置づけにありますが、Androidのフレームワーク関してはあまり触れていません。Androidアプリ開発に携わる人が読めば、ここまでで「Intentを説明すべきだ」「LocationManagerに触れられていない」と、さまざまな点で「足りない」と指摘されることでしょう。

しかし、Androidのアプリ開発をするのに、体系的、専門的に解説した本はたくさんあります。今回、そういったフレームワークに関する詳解は、それらを得意とする本に譲ることにしました。

まずは、初心者が、自分の持っているAndroid端末でもアプリが開発できる。Android端末がなくても、とりあえずエミュレーターでアプリ開発を試すことができる。

本書は、これまでアプリ開発をやったことがない人たちが、アプリ開発を始めるきっかけになることを目標に構成しています。

次に進むために

本書を読み終えた人は、次は、本書で紹介しているそれぞれのアプリを改造してみるのがよいかもしれません。

例えば、キャラクターが落下するスピードを変えたり、センサーとボールの連動の比率を変えたり、ミサイルと弾が命中するたびに効果音を再生したり、改良できる点はいくつもあるでしょう。

また、新しく作りたいアプリやゲームのアイデアがあれば、新しいプロジェクトを作成して、1から作り始めてもよいでしょう。

自分が作りたい機能をどうやって実現するか。それにはまず、Androidにどのような機能があり、どうやって使うのかを知っておく必要があります。Androidでは何ができて、何ができないのか。これが一番難しいのですが、基本的なことはすべてAndroid Developersのサイトに公開されています。

・API Guides

　https://developer.android.com/guide/index.html

また、本書で使っているさまざまなクラスやメソッドなど、Androidが用意しているAPIに関する解説も、同じサイトに公開されています。

・API References

　https://developer.android.com/reference/packages.html

これらの公式サイトは、すべて英語で書かれています。英語が不得意な人には、主要なAPIの使い方をカバーした『Android SDK ポケットリファレンス』（しげむらこうじ 著、技術評論社 刊）をお勧めします。

問題に突き当たったら

　アプリ開発をしていると、理不尽とも思える問題に突き当たることはよくあります。そういう場合、一人で悩まずにネットに助けを求めるのも1つの選択肢です。

　まずは、LogCatなどでエラーの内容を確認して、エラーメッセージの内容を検索してみましょう。だいたいの問題は、すでに誰かが遭遇していて、ほとんどの場合はすでに解決法が見つかっているか、または解決しない（違うアプローチを採るべき）と結論が出ていることでしょう。

　もし、検索しても問題の解決策が見つからなければ、他のアプリ開発者に聞いてみるのも1つの手です。技術系の質問ができるフォーラムやグループを通じて質問すれば、親切な開発者が答えてくれるかもしれません。

・stackoverflow
　https://stackoverflow.com/
　stackoverflowは、世界で一番活発な技術系フォーラムの1つです。2014年12月には日本語版（https://ja.stackoverflow.com/）が公開されています。

・GoogleGroup－日本Androidの会
　https://groups.google.com/forum/#!forum/android-group-japan
　日本Androidの会は、日本で最大級のAndroidのユーザー・開発者コミュニティです。

　さて、これらのフォーラムやグループに質問を投稿する前に、大切なことが1つあります。

　「必ず、一晩、ゆっくり眠ってから投稿する」

　これは冗談ではなく、筆者の経験上、プログラムの理不尽とも思える問題の9割は、寝て起きたときに、嘘のように解決するのです。また、寝不足の状態で投稿すると、質問の意味が明瞭でなくなったりして、質問を読んだ人が手助けをできない場合もあります。ですので、必ず、すっきりとした気分の時に質問を投稿するように心がけてください。

　最後になりましたが、本書が、みなさんのはじめてのAndroidアプリ開発の一助になることを、心より願っています。

■著者プロフィール

有山 圭二（ありやま けいじ）

大阪市のソフトウェア開発会社 ㈲シーリスの代表。Androidアプリの開発は、2007年11月にAndroidが発表された当時から手がけている。Androidアプリケーションの受託開発や、Androidに関するコンサルティングの傍ら、技術系月刊誌への寄稿。また、AOSP（Android Open Source Project）のコントリビューターとして活動している。著書に『Android Hacks』（共著、O'Reilly Japan 刊）や『Effective Android』（共著、インプレスジャパン 刊）がある。

- ◆ 装丁　　　　　　　　　小島トシノブ（NONdesign）
- ◆ 本文デザイン／レイアウト　朝日メディアインターナショナル㈱
- ◆ 編集　　　　　　　　　取口敏憲
- ◆ 本書サポートページ
  http://gihyo.jp/book/2016/978-4-7741-7859-2
  本書記載の情報の修正・訂正・補足については、当該Webページで行います。

■お問い合わせについて

　本書に関するご質問については、本書に記載されている内容に関するもののみとさせていただきます。本書の内容と関係のないご質問につきましては、一切お答えできませんので、あらかじめご了承ください。また、電話でのご質問は受け付けておりませんので、FAXか書面にて下記までお送りください。

〈問い合わせ先〉
〒162-0846　東京都新宿区市谷左内町 21-13
株式会社技術評論社　雑誌編集部
「［改訂版］Android Studio ではじめる 簡単 Android アプリ開発」係
FAX：03-3513-6176

　なお、ご質問の際には、書名と該当ページ、返信先を明記してくださいますよう、お願いいたします。
　お送りいただいたご質問には、できる限り迅速にお答えできるよう努力いたしておりますが、場合によってはお答えするまでに時間がかかることがあります。また、回答の期日をご指定なさっても、ご希望にお応えできるとは限りません。あらかじめご了承くださいますよう、お願いいたします。

[改訂版] Android Studio ではじめる 簡単 Android アプリ開発

2014年12月20日　初　版　第1刷発行
2016年 1月25日　第2版　第1刷発行

著　者　　　有山圭二

発行者　　　片岡　巌
発行所　　　株式会社技術評論社
　　　　　　東京都新宿区市谷左内町 21-13
　　　　　　TEL：03-3513-6150（販売促進部）
　　　　　　TEL：03-3513-6177（雑誌編集部）
印刷／製本　港北出版印刷株式会社

定価はカバーに表示してあります。

本書の一部あるいは全部を著作権法の定める範囲を超え、無断で複写、複製、転載あるいはファイルを落とすことを禁じます。

©2016　有山圭二

造本には細心の注意を払っておりますが、万一、乱丁（ページの乱れ）や落丁（ページの抜け）がございましたら、小社販売促進部までお送りください。送料小社負担にてお取り替えいたします。

ISBN978-4-7741-7859-2　C3055

Printed in Japan